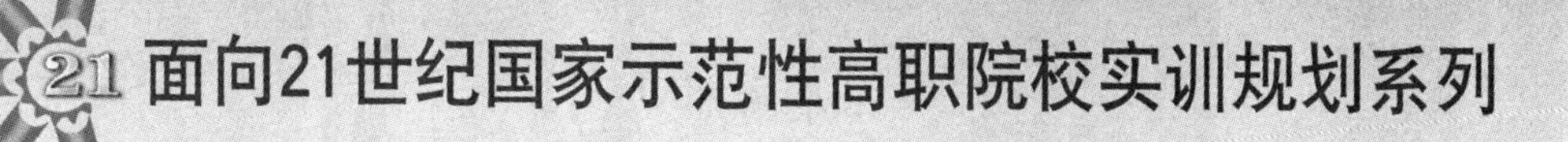

面向21世纪国家示范性高职院校实训规划系列

CAXA制图技术

实训指导书

主　编　杨延波

副主编　吴勤保　刘军旭

参　编　吴　兵　祁　伟

王　晓　赵明威

西安交通大学出版社

XI'AN JIAOTONG UNIVERSITY PRESS

内容简介

本书以任务驱动教学的基本思路编写，以目前广泛使用的CAXA电子图板2011版本为介绍对象。全书内容涵盖CAXA电子图板和CAXA制造工程师软件系统的基本操作、零件图绘制、装配图绘制和三维实体绘制等。本书通过任务驱动教学方法将CAXA电子图板软件的基本操作、绘制平面图、三视图、剖视图、零件图、装配图的思路和方法进行介绍，并将CAXA制造工程师软件常用的基本指令和绘图思路作为知识扩展进行介绍，突出了实用性和可操作性，并且每个任务后都附有强化练习题。书中任务的示范性强，读者按照各个任务中的绘图思路和步骤进行操作，即可绘制出相应的图形。本书提供8个具体的教学任务，需要读者查阅相关的教材、参考资料才能完成。

本书可作为高职高专院校、成人教育、应用型本科院校的机械、数控、模具、CAD、机电一体化、材料、工业设计等专业的教学用书，也可作为计算机绘图及从事CAD技术研究应用的工程技术人员的参考用书。

图书在版编目(CIP)数据

CAXA制图技术实训指导书/杨延波主编．—西安：西安交通大学出版社，2014.6(2016.6重印)
ISBN 978-7-5605-6271-1

Ⅰ.①C… Ⅱ.①杨… Ⅲ.①机械制图-计算机制图-应用软件-高等职业教育-教学参考资料 Ⅳ.①TH126

中国版本图书馆CIP数据核字(2014)第113235号

书　　名 CAXA制图技术实训指导书
主　　编 杨延波
责任编辑 雷萧屹

出版发行 西安交通大学出版社
(西安市兴庆南路10号　邮政编码710049)
网　　址 http://www.xjtupress.com
电　　话 (029)82668357　82667874(发行中心)
(029)82668315(总编办)
传　　真 (029)82668280
印　　刷 陕西时代支点印务有限公司

开　　本 787mm×1092mm　1/16　**印张** 5.75　**字数** 123千字
版次印次 2014年9月第1版　2016年6月第2次印刷
书　　号 ISBN 978-7-5605-6271-1/TH·101
定　　价 12.90元

读者购书、书店添货，如发现印装质量问题，请与本社发行中心联系、调换。
订购热线：(029)82665248　(029)82665249
投稿热线：(029)826688254　QQ:8377981
读者信箱：lg_book@163.com

前言 Preface

本实训指导书是根据计算机绘图课程的性质、教学特点，并结合编者多年的工程制图和计算机绘图的教学经验而编写，编者都是长期从事计算机辅助设计和机械制图、工程设计的一线教师。

本实训指导书采用任务驱动的教学形式进行编写，完成所有实训项目之后，将对CAXA电子图板软件在软件操作技能方面得到一定的提升，对CAXA制造工程师软件的基本操作方面得到一定的认识。其中，CAXA电子图板软件是本实训指导书的重点，CAXA制造工程师软件作为知识的扩展，为读者将来的学习起到一个抛砖引玉的作用。

本实训指导书可作为高职高专类院校机械、数控、模具、材料、电气、机电一体化、计算机辅助设计与制造、工业设计等专业的教学用书，也可作为中专相关专业的教学用书，满足以上专业学生实训期间的指导要求。

本实训指导书由陕西工业职业技术学院的杨延波担任主编。其中，吴勤保编写实训一，刘军旭编写实训二，杨延波编写实训三，吴兵编写实训四，祁伟编写实训六，赵明威编写实训七，王晓编写实训五和实训八。本实训指导书最后由杨延波进行统稿。

在编写和统稿期间吴勤保、刘军旭两位老师提出了很多改进意见和建议，在此表示衷心的感谢和敬意。本实训指导书在编写过程中，参考了一些教材、参考文献中的内容，在此也对这些文献的作者表示诚挚的感谢。

由于编者水平所限，书中不足和疏漏之处在所难免，敬请读者批评指正。

编　者

2014年7月

目 录
Contents

实训一　CAXA 电子图板基础知识实训

指导老师____________ 班　级______________ 学生姓名____________ 学　号____________

一、实训目的

(1)熟悉 CAXA 电子图板软件的安装过程和 CAXA 电子图板软件的用户界面。

(2)掌握 CAXA 电子图板软件的启动和退出以及 CAXA 电子图板软件的基本操作。

二、预习要求

预习“计算机应用基础”课程[①]和“机械制图”课程[②]中的有关内容。

《计算机应用基础》:
(1)文件的复制与粘贴
(2)文件夹的创建与重命名
(3)快捷图标的创建
(4)鼠标的基本使用
(5)屏幕抓图
(6)文件保存

《机械制图项目教程》:
(1)直线的绘制
(2)平行线的绘制
(3)圆的绘制
(4)圆弧的绘制
(5)点的绘制

三、实训设备

(1)CAXA 电子图板 2011—机械版。

(2)微型电子计算机 每人 1 台。

该设备外部硬件由显示器、键盘、鼠标、主机箱四部分组成,如图 1 - 1 所示。后续实训项目与实训一所使用的设备相同。

图 1 - 1　微型电子计算机

---

① 作者所在院校使用的教材:王津. 计算机应用基础. 北京:高等教育出版社,2012.

② 作者所在院校使用的教材:高红英,赵明威. 机械制图项目教程. 北京:高等教育出版社,2012.

四、实验原理

点和数据的输入。如图 1－2 和图 1－3 所示。

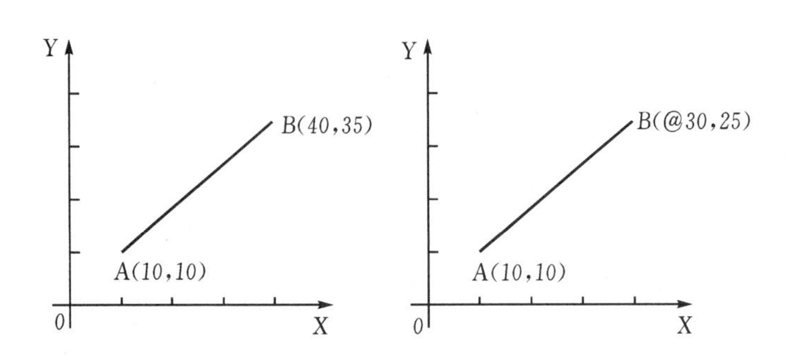

图 1－2　直角坐标值的输入

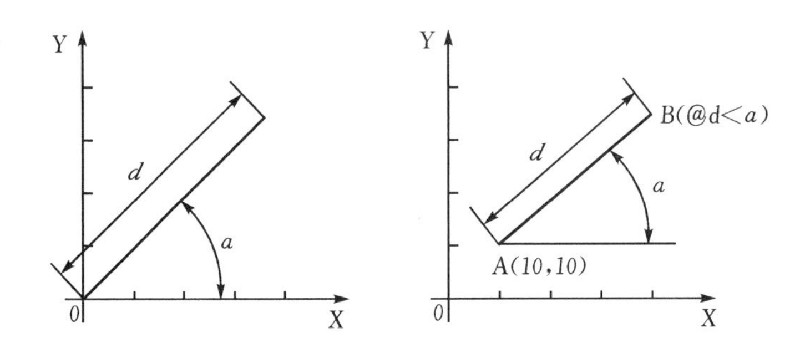

图 1－3　极坐标值的输入

五、实训内容

(1)安装 CAXA 电子图板软件，并记录安装过程中的主要步骤。

(2)熟悉 CAXA 电子图板的用户界面，并填写用户界面各部分的名称。

(3)建立点和数据输入概念，并填写所示图形中各个点的坐标值。

六、实验步骤

实训任务 1：安装 CAXA 电子图板软件

步骤如下：

(1)将“CAXA 电子图板”软件的光盘放入光盘驱动器，安装界面将自动弹出。若安装界面没有弹出，打开 Windows 资源管理器的光盘驱动器，在光盘目录中找到 Autorun. exe 文件，并双击运行它即可启动安装界面。

(2)单击界面中程序下的“CAXA 电子图板”选项,弹出选择安装程序的语言对话框。

(3)系统进行配置,然后弹出安装向导对话框。

(4)单击“下一步”按钮,继续安装程序,系统弹出许可证协议对话框。

(5)在许可证协议对话框中,如果接受此协议,选择 ⊙我接受该许可证协议中的条款(A) 选项,单击“下一步”,继续安装;如果不接受此协议,则单击“取消”,退出安装程序。

(6)系统弹出安装特别说明对话框。

(7)单击“下一步”,系统弹出目的地文件夹对话框。

(8)系统默认是安装在 C:\Program Files\下,如果按这个路径进行安装,则单击“下一步”;如果需要安装在其他盘符下,则单击“更改”按钮,系统弹出更改当前目的地文件夹对话框。可修改安装路径,例如 D:\CAXA\。

(9)系统返回到目的地文件夹对话框。在对话框中单击“下一步” 按钮,系统弹出安装向导对话框。

(10)在该对话框中单击“下一步” 按钮,则开始安装。系统弹出了正在安装 CAXA 电子图板 2011 对话框,并提示需要几分钟的时间,而且在状态区给出安装过程动态的对应提示。

(11)安装完成后,弹出安装向导完成对话框。单击“完成”按钮,则完成了电子图板的安装。

(12)最后在安装界面中单击“关闭”按钮,退出。

实训任务 2:熟悉 CAXA 电子图板的用户界面

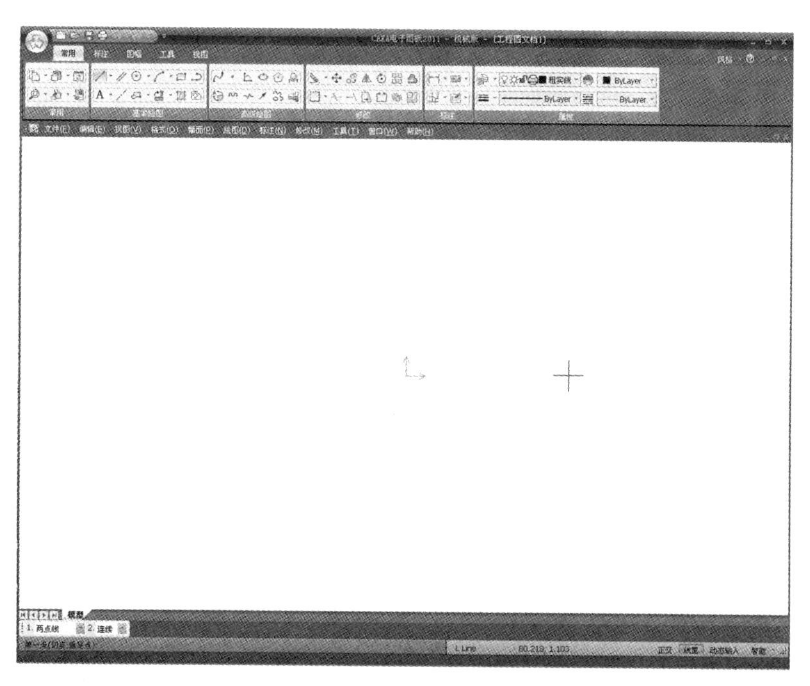

图 1-4　CAXA 电子图板的用户界面

实训任务3：填写以下图形各个点的坐标值

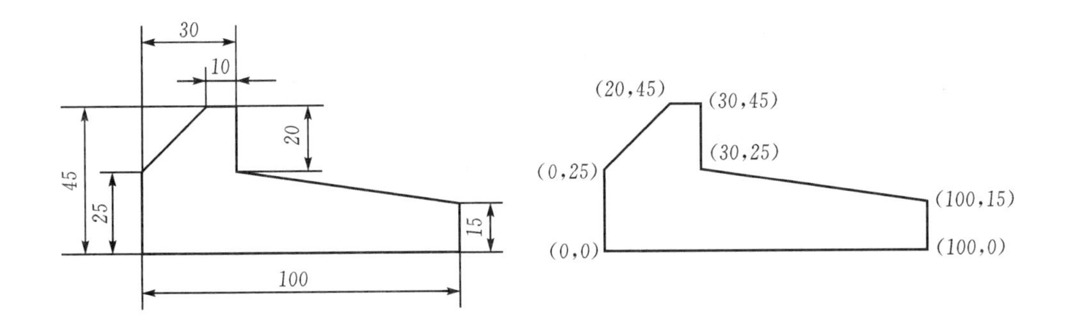

图1-5　直角坐标值的输入

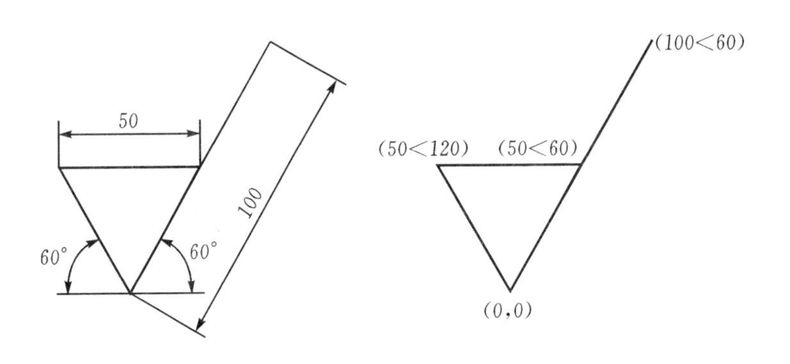

图1-6　极坐标值的输入

七、注意事项

1. 直角坐标值

直角坐标值可以分为绝对坐标值和相对坐标值。

(1)绝对坐标值。当系统提示输入点时，可以直接通过键盘输入“X,Y”坐标，X,Y之间必须用逗号隔开。例如100,80,表示该点的坐标值X为100,Y为80。

(2) 相对坐标值。是指相对上一点或者参考点的坐标，与坐标原点无关。用这种方式给定点时，必须在数值前加“@”。例如 @60,50,表示该点相对于参考点的变化量为：X坐标向右60,Y坐标向上50。

2. 极坐标值

极坐标是采用极半径和极半径与X轴逆时针的夹角来确定点的位置。采用这种方式时，极半径与极角之间用“<”隔开。例如“60<45”,表示绝对极坐标，“@60<45”,表示相对极坐标，极半径为60、极角为45°。

八、实训思考

(1)绝对坐标与相对坐标在输入坐标时有什么区别?

(2)按照图 1－7 所标注的尺寸,使用点的坐标输入方法进行绘制。

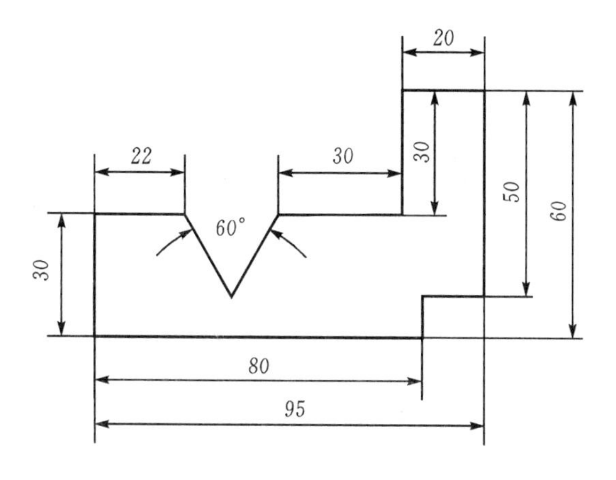

图 1－7　平面图形

实训思考题一

指导老师__________ 班 级__________ 学生姓名__________ 学 号__________

1. 绝对坐标与相对坐标在输入坐标时有什么区别？

2. 按照下图所标注的尺寸，使用点的坐标输入方法进行绘制。

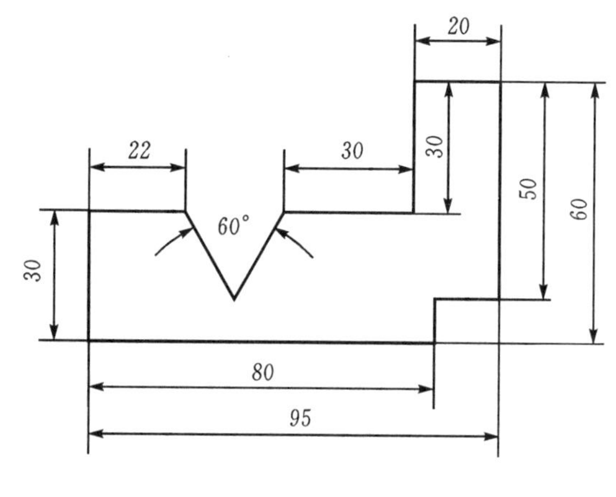

图 1 思考题

3. 今天你学到了什么？有何建议和想法？

实训二　平面图形的绘制实训

指导老师____________ 班　级______________ 学生姓名____________ 学　号____________

一、实训目的

(1)熟悉CAXA电子图板软件椭圆、矩形、中心线、正多边形、等距线、过渡、阵列、旋转命令的基本使用方法。

(2)掌握复杂平面图形的绘制方法。

二、预习要求

预习“机械制图”课程中的有关内容。“计算机应用基础”课程中的内容与实训一相同。

《机械制图项目教程》:

(1)椭圆的绘制

(2)矩形的绘制

(3)中心线的绘制

(4)正多边形的绘制

(5)等距线的绘制

(6)倒角和圆角的绘制

三、实训设备

(1)CAXA电子图板2011—机械版。

(2)微型电子计算机 每人1台。

四、实验原理

椭圆的绘制方法

手工绘制椭圆采用的方法有弦线法、近似画法(采用简化变形系数)。其中,近似画法中有三点法、长短轴法、菱形法。

菱形法绘制椭圆的步骤:

(1) 按圆(直径d为$\phi 100$)的外切正方形画菱形,$OA = OC = d/2 = 50$,对角线为长、短轴方向,如图2-1中的(a)图所示。

(2)连接AE、AF,并交长轴于Ⅰ、Ⅱ。分别以A、B为圆心,AE为半径画两大弧(弧CD、弧

EF)，如图 2-1 中的(b)所示。

(3) 分别以 Ⅰ、Ⅱ 为圆心，ⅠC 为半径画两小弧（弧 CE、弧 DF）。C、D、E、F 为连接点，如图 2-1 中的(c)图所示。

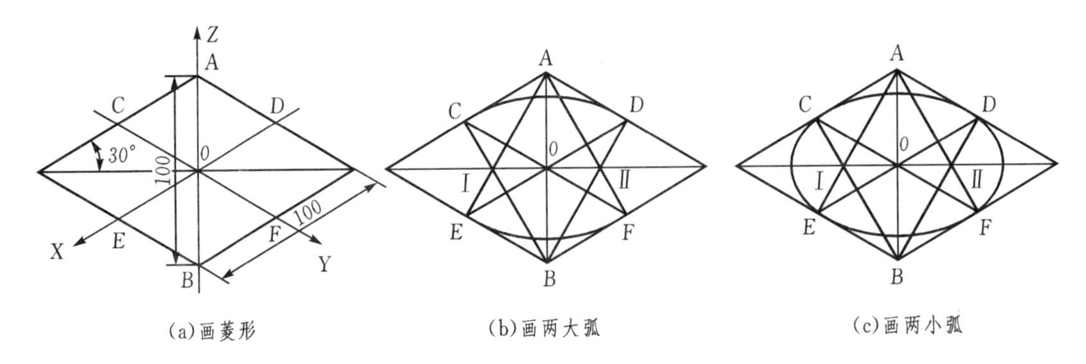

(a)画菱形　(b)画两大弧　(c)画两小弧

图 2-1　菱形法绘制圆的轴测图

五、实训内容

(1)椭圆、矩形、中心线命令的基本使用。

(2)正多边形、等距线、过渡命令的基本使用。

(3)阵列、旋转命令的基本使用。

(4)复习前面所学内容。

六、实验步骤

实训任务 1：椭圆、矩形、中心线命令的基本使用

1. 椭圆的基本操作步骤

(1)常用工具栏→高级绘图→ 图标。

(2)执行椭圆命令后，弹出立即菜单。

(3)执行给定长短轴命令后，按下面方法设置立即菜单的参数，根据命令行提示，绘制出椭圆。

(4)单击立即菜单“2:长半轴”和“3:短半轴”右侧数值框，输入椭圆长、短轴半径值。

(5)单击立即菜单“4:旋转角”右侧数值框，可输入旋转角度，以确定椭圆的方向。

(6)单击立即菜单中的“5:起始角”和“6:终止角” 右侧数值框，可输入椭圆的起始角和终止角。

2. 矩形的基本操作步骤

(1)常用工具栏→基本绘图→ 图标。

(2)执行矩形命令后，弹出立即菜单。

(3)执行两角点命令后，按提示要求用鼠标指定第一角点，在指定第二角点的过程中，出现

一个跟随光标移动的矩形，单击左键选定位置即绘制出矩形；也可直接从键盘输入两角点的绝对坐标或相对坐标。单击立即菜单“2:无中心线”可以切换到“有中心线”。

3. 中心线的基本操作步骤

(1)常用工具栏→基本绘图→ 图标。

(2)执行中心线命令后，弹出立即菜单。

(3)单击立即菜单“1:指定延长线长度”，则切换为“自由”。可随意确定长短。

(4)单击立即菜单中的“2:延伸长度”(延伸长度是指超过轮廓线的长度)右侧数值框，可通过键盘重新输入需要的数值。

实训任务2:正多边形、等距线、过渡命令的基本使用

1. 正多边形的基本操作步骤

(1)常用工具栏→高级绘图→ 图标。

(2)执行正多边形命令后，弹出立即菜单。

(3)执行中心定位命令后，按提示要求输入一个中心点，则提示变为“圆上一点或内接(外切)圆半径”，这时用鼠标也可用键盘输入圆上一个点或输入半径值，则正多边形被绘制。

2. 等距线的基本操作步骤

(1)常用工具栏→修改→ 图标。

(2)执行等距线命令后，弹出立即菜单。

(3)立即菜单1:可切换为链拾取。

(4)立即菜单2:可切换为过点方式。

(5)立即菜单3:可切换为双向。

(6)立即菜单4:可切换为实心。

(7)立即菜单“5. 距离”右侧数值框，可输入等距线与原直线的距离。

(8)立即菜单“6. 份数”右侧数值框，可输入所需等距线的份数。

实训任务3:阵列、旋转命令的基本使用

1. 阵列的基本操作步骤

(1)常用工具栏→修改→ 图标。

(2)执行阵列命令后，设置完立即菜单中的数值后，根据命令行提示，进行阵列操作。

(3)执行圆形阵列命令后，按操作提示“拾取元素”，右键确认，再按照提示，左键拾取阵列图形的中心点和基点，则阵列复制出多个相同的图形。

2. 旋转的基本操作步骤

(1)常用工具栏→修改→ 图标。

(2)执行旋转命令后，根据命令行提示，进行旋转操作。

(3)执行给定角度命令后，按提示拾取要旋转的图形，可单个拾取，也可用窗口拾取，拾取完后右键确认。这时操作提示变为“基点”，用鼠标指定旋转基点，操作提示变为“旋转角”，此时通过键盘输入旋转角度，回车即可。也可以用鼠标移动来确定旋转角。

实训任务 4：复习前面所学内容

绘制“计算机绘图”课程[①]所用教材第 70 页第二题所有的图形，或者绘制其他类似的图形。

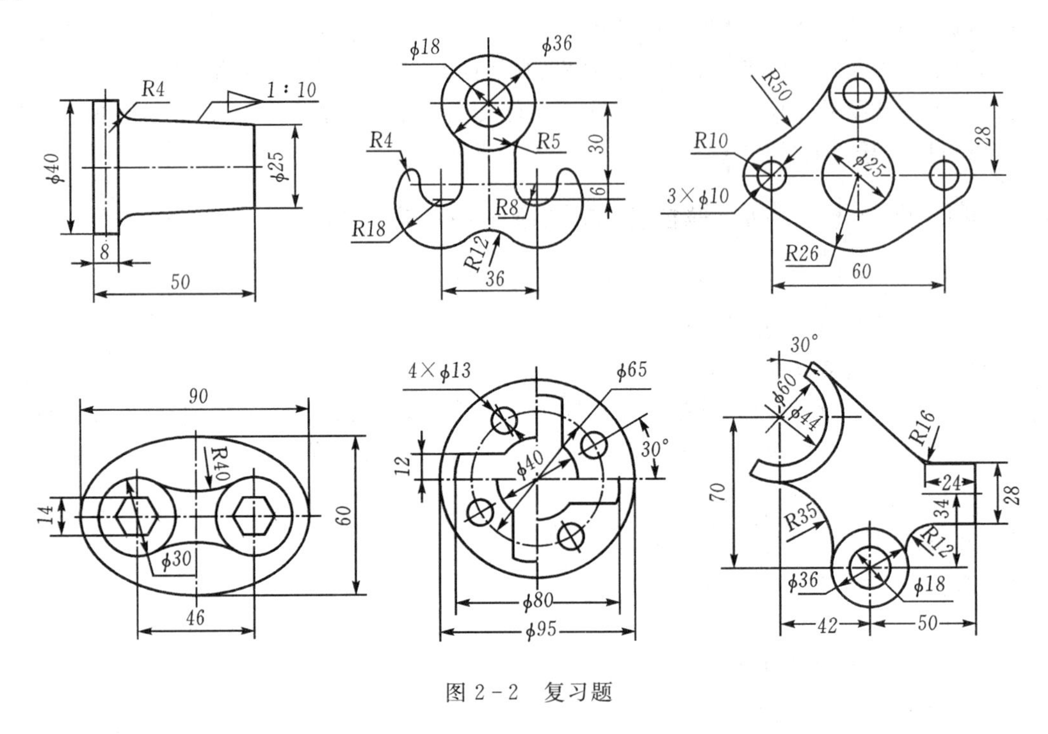

图 2-2 复习题

七、注意事项

(1)绘制椭圆时应注意：当起始角为 0°、终止角为 360°时，所画的为整个椭圆；当改变起、终角时，所画的为一段从起始角开始，到终止角结束的椭圆弧。

(2)阵列命令应注意：其中阵列填角的含义为从拾取的实体所在位置起，绕中心点逆时针方向转过的夹角，相邻夹角和阵列填角都可以由键盘输入确定。

八、实训思考

(1)过渡的方式有哪几种？

(2)特性匹配的功能是什么？

① 作者所在院校使用的教材：吴勤保. CAXA 电子图板 2011 项目化教学实用教程. 西安：西安电子科技大学出版社，2011.

实训思考题二

指导老师____________ 班　级______________ 学生姓名____________ 学　号____________

1. 过渡的方式有哪几种？

2. 特性匹配的功能是什么？

3. 今天你学到了什么？有何建议和想法？

实训三　视图的绘制实训

指导老师__________ 班　级____________ 学生姓名__________ 学　号__________

一、实训目的

(1)熟悉三视图的绘制方法，主视图、左视图、俯视图的基本绘制方法。

(2)掌握三视图导航的基本使用。

二、预习要求

预习“机械制图”课程中的有关内容。

《机械制图项目教程》：

(1)三视图的绘制；

(2)辅助视图的绘制；

(3)尺寸标注。

三、实训设备

(1)CAXA 电子图板 2011—机械版。

(2)微型电子计算机 每人 1 台。

四、实验原理

尺寸标注类型。

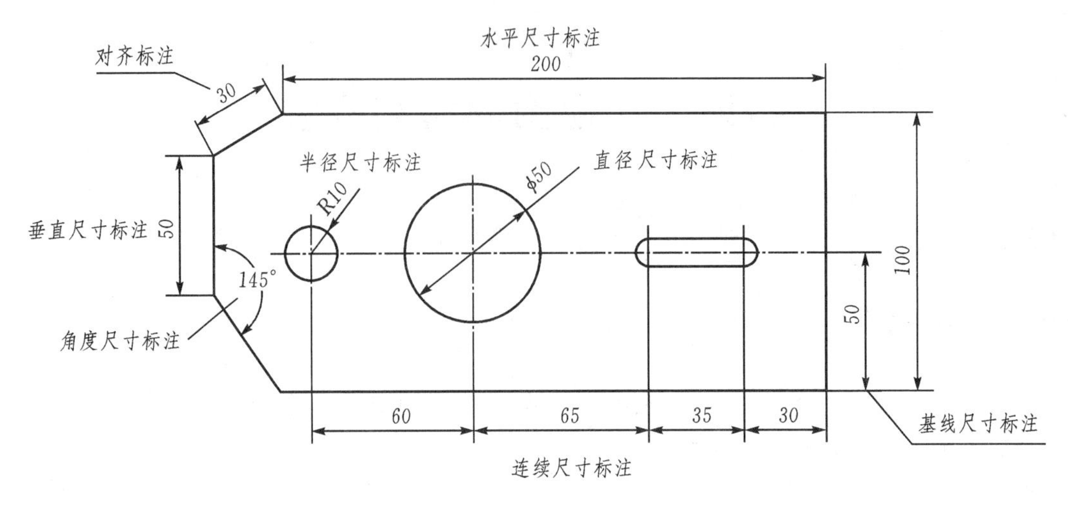

图 3-1　尺寸标注的类型

五、实训内容

(1)掌握三视图的绘制。

(2)熟悉尺寸标注的基本操作。

(3) 进行强化练习。

六、实验步骤

实训任务 1：掌握三视图的绘制

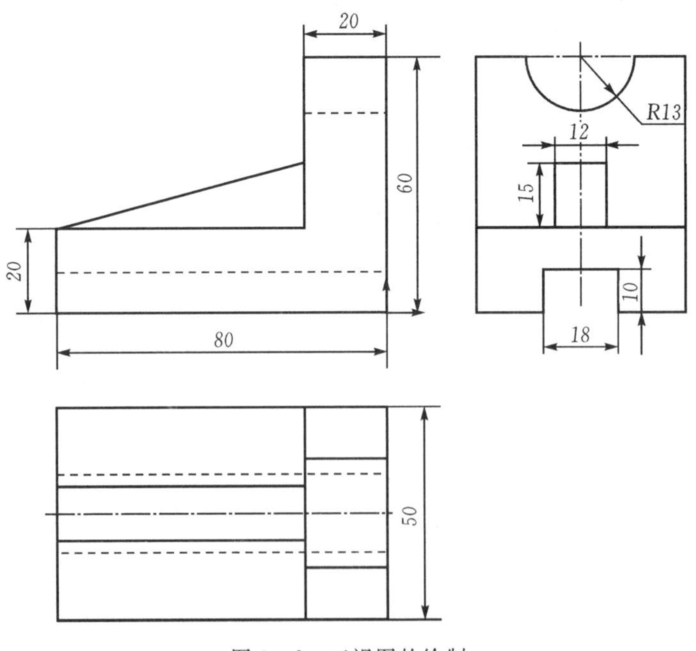

图 3-2　三视图的绘制

绘图步骤：

1. 画主视图外形

(1)单击属性工具栏的图层，选择图层为0层。

(2)单击基本绘图工具栏的直线图标，立即菜单设置为：两点线→连续，以坐标原点为主视图的定位点(右下角点)，用输入相对坐标的形式，配合导航功能，画出主视图外形。

2. 画左视图

(1)单击高级绘图工具栏的孔/轴图标，立即菜单为：轴→直接给出角度→中心线角度，将角度值0改为90；利用导航功能，使左视图的定位点与主视图最顶上线高平齐输入一点，立即菜单为有中心线，将立即菜单的起始直径改为50(终止直径自动更改为50)，向下拖动鼠标使左视图的第二点与主视图最下线高平齐再输入一点；将起始直径改为18，向上拖动鼠标，通过键盘输入长度10，画出底下通槽在左视图上的投影。

(2)单击基本绘图工具栏的圆图标，立即菜单设置为：圆心　半径→半径→有中心线，在左视图上方中心线的交点处单击确定圆心，输入半径13，画出R13的圆。

(3)单击直线图标，立即菜单设置为：两点线→单根，利用导航功能在左视图上画出下部的水平线。

(4)单击平行线图标，选择左视图上的竖直中心线，立即菜单设置为：偏移方式→双向，输入距离6。

(5)单击直线图标，按F4键，然后选取左视图上的 *A* 点作为参考点，输入“@0,15”用光标点击选取右边竖线上一点，画出水平线。

(6)单击裁剪图标、删除图标，去掉图中多余的图线。

3. 完成主视图

(1)单击直线图标，选取主视图左上角点，利用导航功能，选取竖线上的对应点作为第二点，画出斜线。

(2)单击属性工具栏的图层，选择图层为虚线层。

(3)单击直线图标，利用导航功能，画出主视图上对应的两条虚线。

4. 补画俯视图

(1)单击属性工具栏的图层，选择图层为0层。

(2)单击主菜单的工具→三视图导航命令，拾取主视图的右下角点作为第一点，拖动鼠标向右下画出导航线。

(3)单击矩形图标，利用导航功能，以主视图的左下角点、左视图的左下角点为导航点，拾取一点为矩形的左上点；同样，以主视图的右下角点、左视图的右下角点为导航点，拾取一点为矩形的右下点，画出矩形。

(4)单击中心线图标，拾取矩形上下两条线，为矩形添加中心线。

(5)单击直线图标，利用导航功能，画出俯视图上圆、筋板的对应投影线。

(6)单击属性工具栏的图层，选择图层为虚线层。

(7)单击直线图标，利用导航功能，画出俯视图上通槽的对应投影线。三视图绘制完成。

5. 标注尺寸

(1)单击标注工具栏的尺寸标注图标，立即菜单设置为：基本标注，拾取主视图最下直线，移动鼠标到合适位置单击即标注出总长 80。采用同样的方法，分别标注出其他线性尺寸。

(2)拾取左视图半圆，将立即菜单的“3 文字平行”改为“文字水平”，移动鼠标到合适位置单击即标注出半径 R13

如果想改变标注的尺寸数值高度，则单击标注工具栏的样式管理→文字命令。系统弹出文本风格设置对话框。将缺省字高改为 5，单击确定按钮即可。

6. 保存图形

单击快速启动工具栏的保存图标，或者主菜单文件→保存命令，系统弹出另存文件对话框，在文件名的文本框中输入文件名：图 3－2，单击“保存”按钮，系统将按照所起的文件名(图 3－2)保存这个图形文件。

实训任务 2：熟悉尺寸标注的基本操作

尺寸标注包括基本标注、两点尺寸、基线标注、连续标注、三点角度标注、角度连续标注、半标注、大圆弧标注、射线标注、锥度标注和曲率半径标注 11 种方式。这些标注命令均可以通过调用尺寸标注命令并在立即菜单切换选择，也可以单独执行。

操作步骤：可按照“计算机绘图”课程所用教材 80 页，尺寸标注内容进行练习。

实训任务 3：进行强化练习

绘制“计算机绘图”课程所用教材 108～112 页第二题所有的图形，或者绘制其他相似的图形。

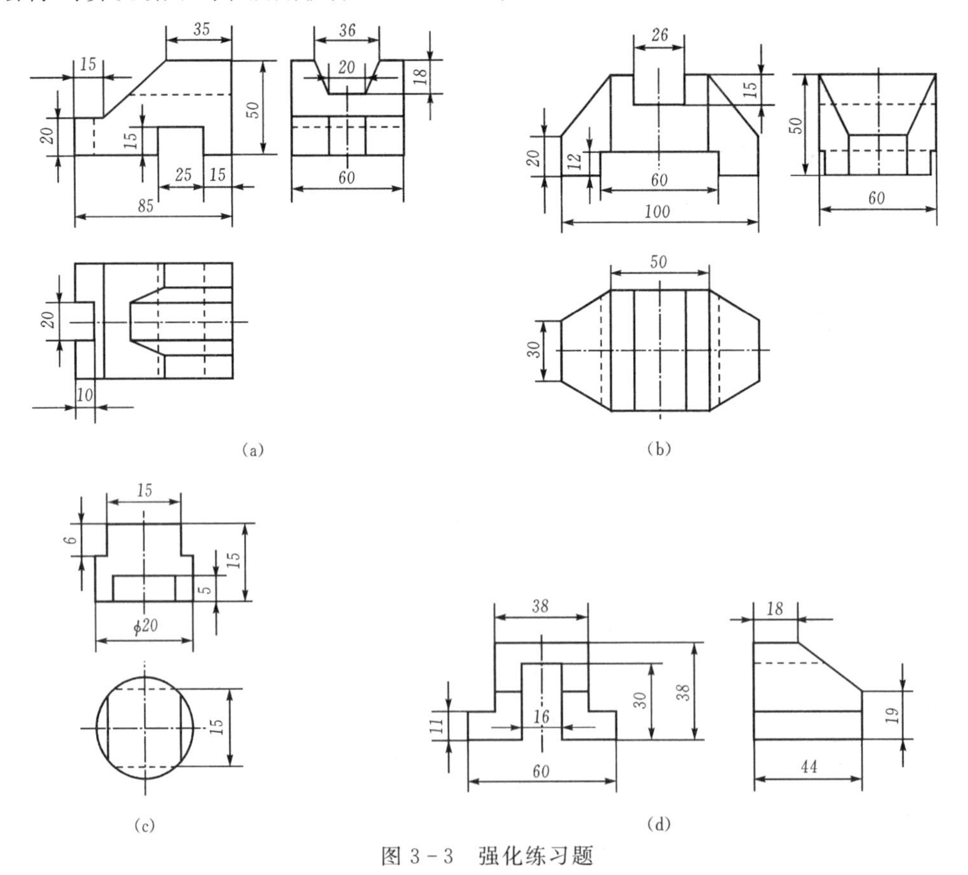

图 3－3　强化练习题

七、注意事项

使用三视图导航时应注意：

执行三视图导航命令后，按照提示指定第一点，系统又提示第二点，在绘图区画出一条45°的黄色导航线。

如果当前已经有了导航线，执行三视图导航命令将删除导航线。再次执行三视图导航命令时，系统提示“第一点 < 右键恢复上一次导航线 > :”，右击就恢复了上一次导航线。

八、实训思考

(1)启动“三视图导航”命令有哪几种方法？

(2)尺寸标注包括哪几种方式？

实训思考题三

指导老师____________ 班　级______________ 学生姓名____________ 学　号____________

1. 启动“三视图导航”命令有哪几种方法？

2. 尺寸标注包括哪几种方式？

3. 今天你学到了什么？有何建议和想法？

实训四　零件图的绘制实训

指导老师__________ 班　级____________ 学生姓名__________ 学　号__________

一、实训目的

(1)熟悉 CAXA 电子图板绘制零件图的基本方法。

(2)掌握 CAXA 电子图板调用和填写标题栏、技术要求、绘制图形、标注尺寸的基本过程。

二、预习要求

预习“机械制图”课程中的有关内容。

《机械制图项目教程》:

(1)零件表达方案的选择。

(2)零件表达方法的选择。

(3)零件图中尺寸的合理标注。

(4)零件图上的技术要求。

三、实训设备

(1)CAXA 电子图板 2011—机械版。

(2)微型电子计算机 每人 1 台。

四、实验原理

1. 零件图的内容

(1)图形。用一组视图(其中包括视图、剖视图、剖面图、局部放大图和简化画法等),正确、完整、清晰和简便地表达出零件的结构形状。

(2)尺寸。用一组尺寸,正确、完整、清晰和合理地标注出零件的结构形状及其相互位置的大小。

(3)技术要求。用一些规定的符号、数字、字母和文字注解,简明、准确地给出零件在使用、制造和检验时应达到的一些技术要求(包括表面粗糙度、尺寸公差、形状和位置公差、表面处理和材料热处理的要求等)。

(4)标题栏。用标题栏明确地填写出零件的名称、材料、图样的编号、比例、制图人和校核人的姓名和日期。

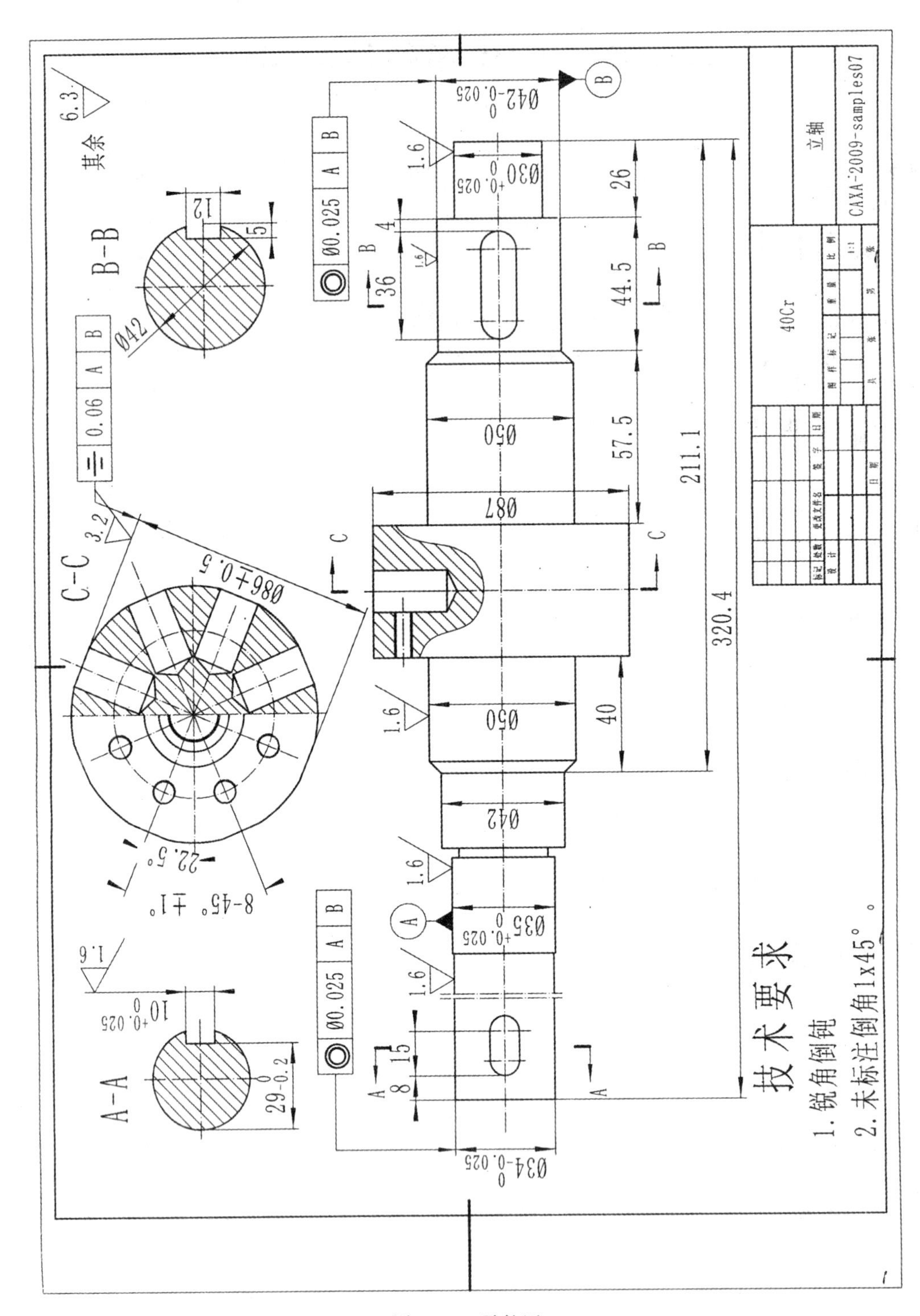
技术要求
1. 锐角倒钝
2. 未标注倒角1x45°。
立轴
CAXA-2009-samples07
40Cr
A-A
B-B
C-C
其余

图 4－1　零件图

2. 标注尺寸的形式

(1)链状法。常用于标注中心之间的距离、阶梯状零件中尺寸要求十分精确的各段以及组合刀具加工的零件等。

(2)坐标法。常用于标注需要从一个基准定出一组精确尺寸的零件。

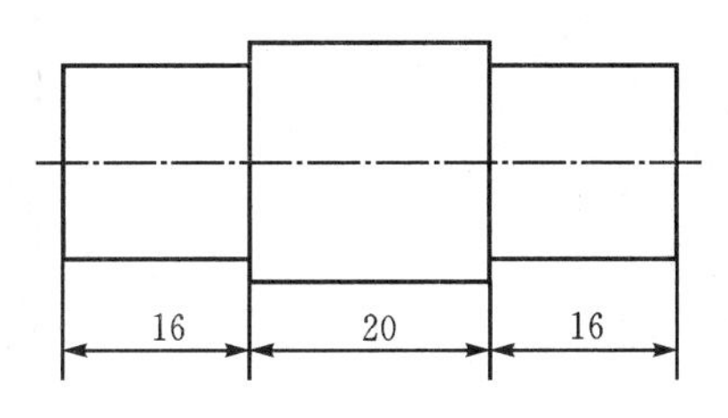

图 4-2 链状法标注

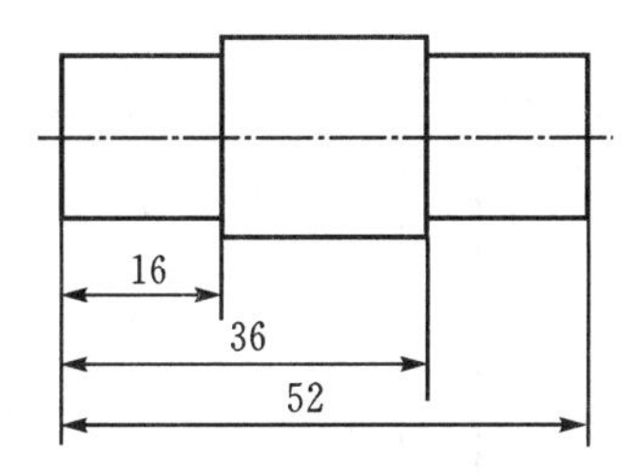

图 4-3 坐标法标注

(3)综合法。综合法标注尺寸是链状法和坐标法的综合,标注零件的尺寸时,多用于综合法。

五、实训内容

(1)熟悉 CAXA 电子图板绘制零件图时的基本流程和方法。

(2)强化练习。

六、实验步骤

实训任务 1:熟悉 CAXA 电子图板绘制零件图时的基本流程和方法

步骤如下:

(1)按照下图绘制零件图。

(2)按照"计算机绘图"课程所用教材 113 页的步骤进行练习。

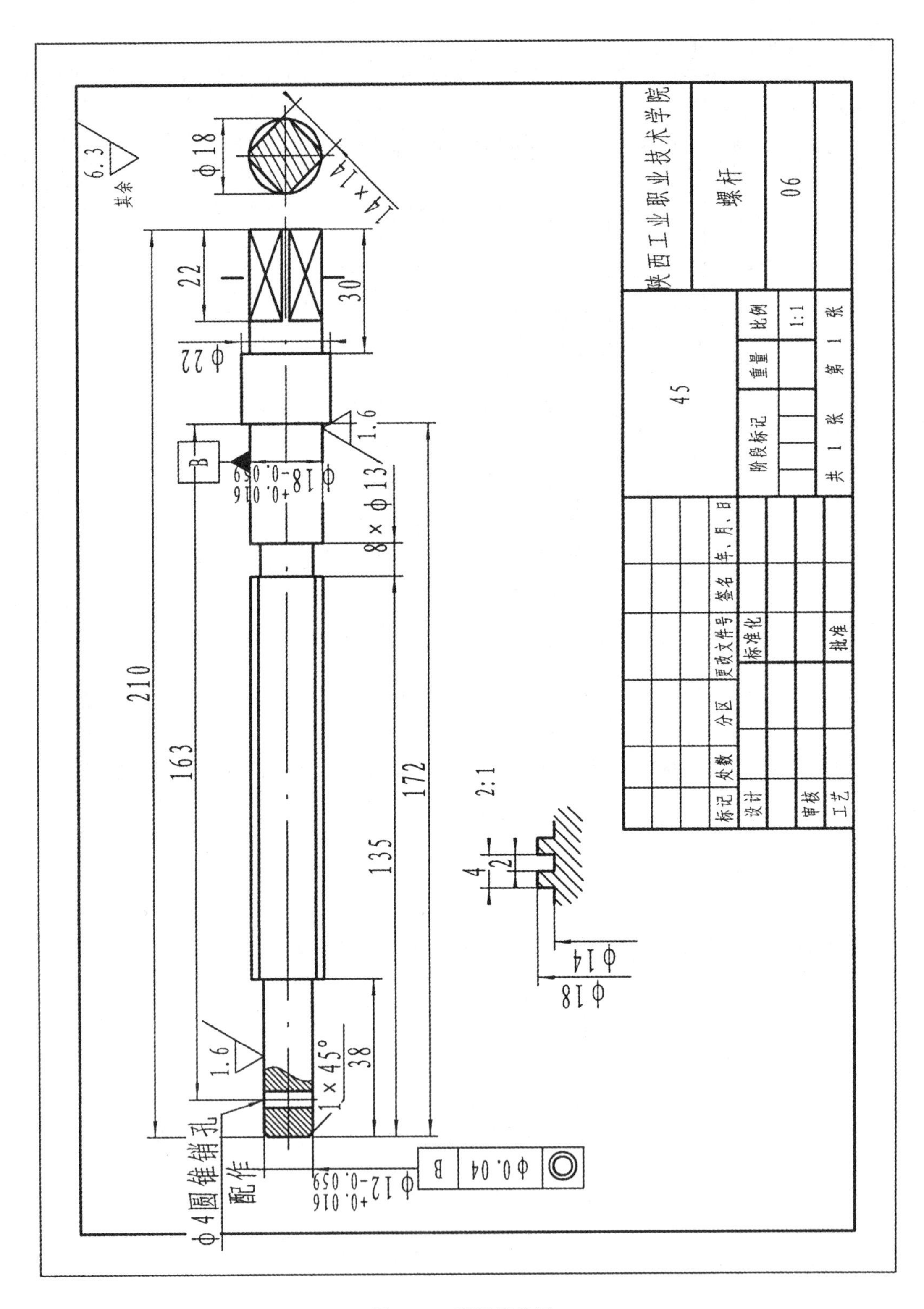

陕西工业职业技术学院
螺杆
06
45
比例
1:1
重量
阶段标记
共 1 张
第 1 张
标记
处数
分区
更改文件号
签名
年、月、日
设计
标准化
审核
工艺
批准
其余
6.3
1.6
ϕ18
14×14
22
30
ϕ22
B
ϕ18$^{+0.016}_{-0.059}$
8×ϕ13
210
163
172
135
38
1×45°
2:1
4
2
ϕ14
ϕ18
ϕ4圆锥销孔
配作
ϕ12$^{+0.016}_{-0.059}$
ϕ0.04

图 4-4　螺杆零件图

实训任务 2:强化练习

“计算机绘图”课程所用教材第 174 页,课后练习题。

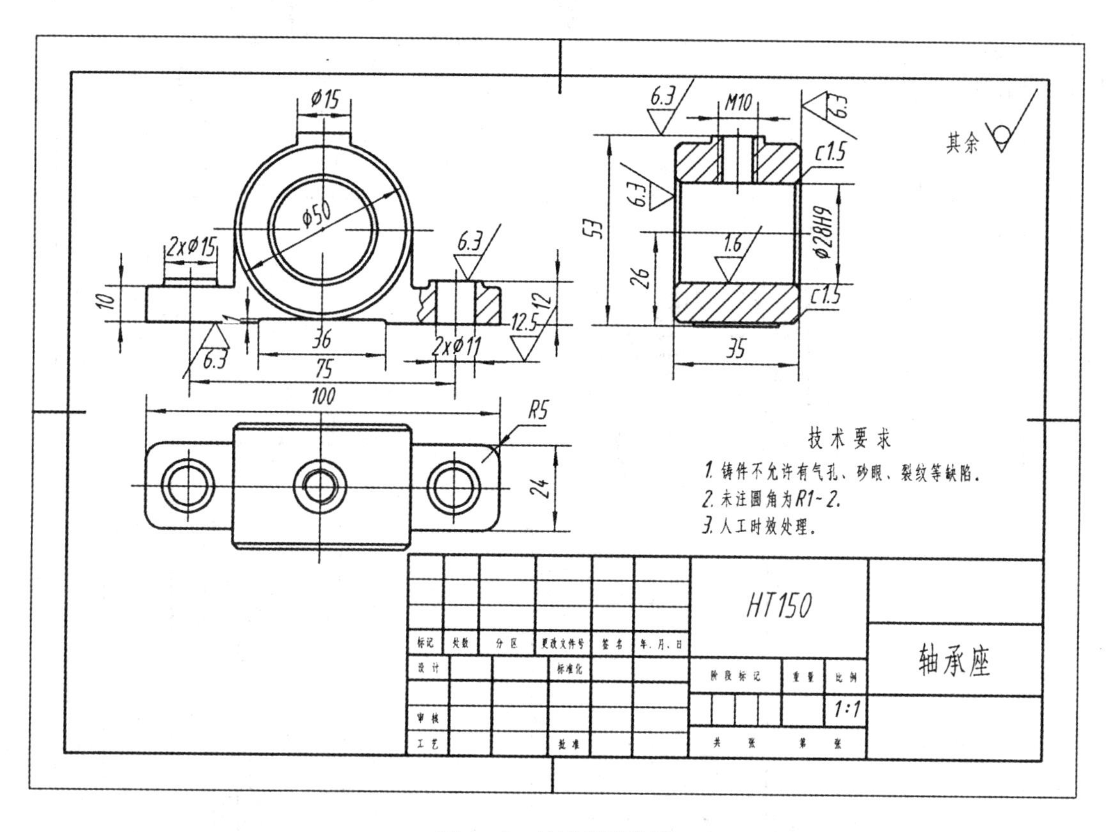

图 4-5 轴承座零件图

七、注意事项

(1)零件图中标注尺寸时,注意参数的设置。

(2)填写标题栏时,各个项目的填写位置。

八、实训思考

(1)尺寸标注分为几类?各是什么?

(2)如何设定图幅?如何调入图框、标题栏?如何填写标题栏?

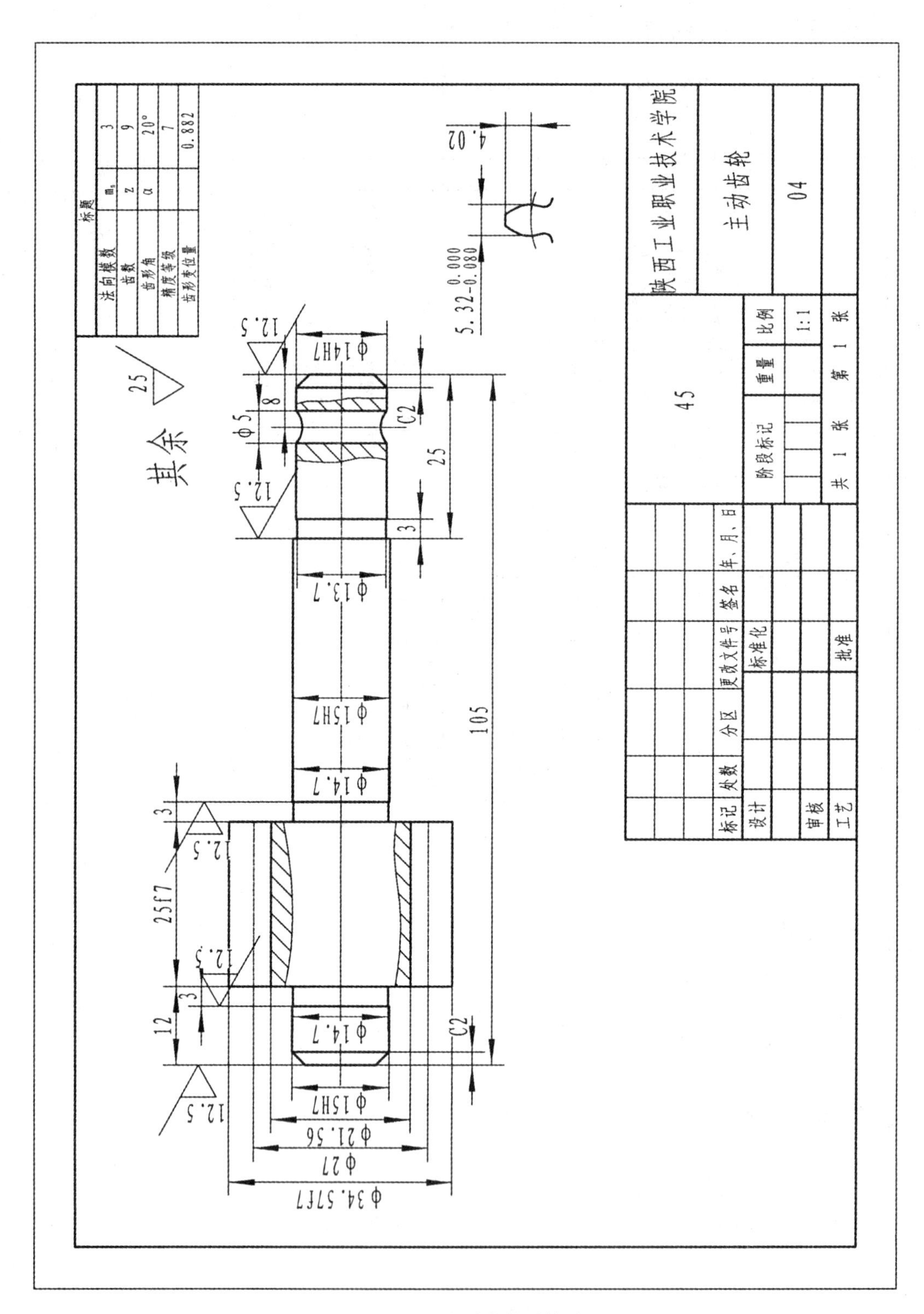

图 4－6　主动齿轮零件图

实训思考题四

指导老师____________ 班　级______________ 学生姓名____________ 学　号____________

1. 尺寸标注分为几类？各是什么？

2. 如何设定图幅？如何调入图框、标题栏？如何填写标题栏？

3. 今天你学到了什么？有何建议和想法？

实训五　装配图的绘制实训

指导老师＿＿＿＿＿＿ 班　级＿＿＿＿＿＿ 学生姓名＿＿＿＿＿＿ 学　号＿＿＿＿＿＿

一、实训目的

(1)熟悉CAXA电子图板绘制装配图的基本方法。

(2)掌握CAXA电子图板调用和填写标题栏、编号和明细栏、技术要求、绘制图形、标注尺寸的基本过程。

二、预习要求

预习“机械制图”课程中的有关内容。

《机械制图项目教程》:

(1)机器(或部件)的表达方法。

(2)装配图中的尺寸标注。

(3)装配图的零、部件序号及明细栏。

(4)装配结构。

三、实训设备

(1)CAXA电子图板2011—机械版。

(2)微型电子计算机 每人1台。

四、实验原理

1.装配图的内容

(1)一组图形。用一般表达方法和特殊表达方法,正确、完整、清晰和简便地表达机器(或部件)的工作原理、零件之间的装配关系和零件的主要结构形状。

(2)几类尺寸。根据由装配图拆画零件图以及装配、检验、安装、使用机器的需要,在装配图中必须标注反映机器(或部件)的性能、规格、安装情况、部件或零件间的相对位置、配合要求和机器的总体大小尺寸。

(3)技术要求。用文字或符号注写出机器(或部件)的质量、装配、检验、使用等方面的要求。

(4)标题栏、编号和明细栏。根据生产组织和管理工作的需要,按一定的格式,将零、部件进行编号,并填写明细栏和标题栏。

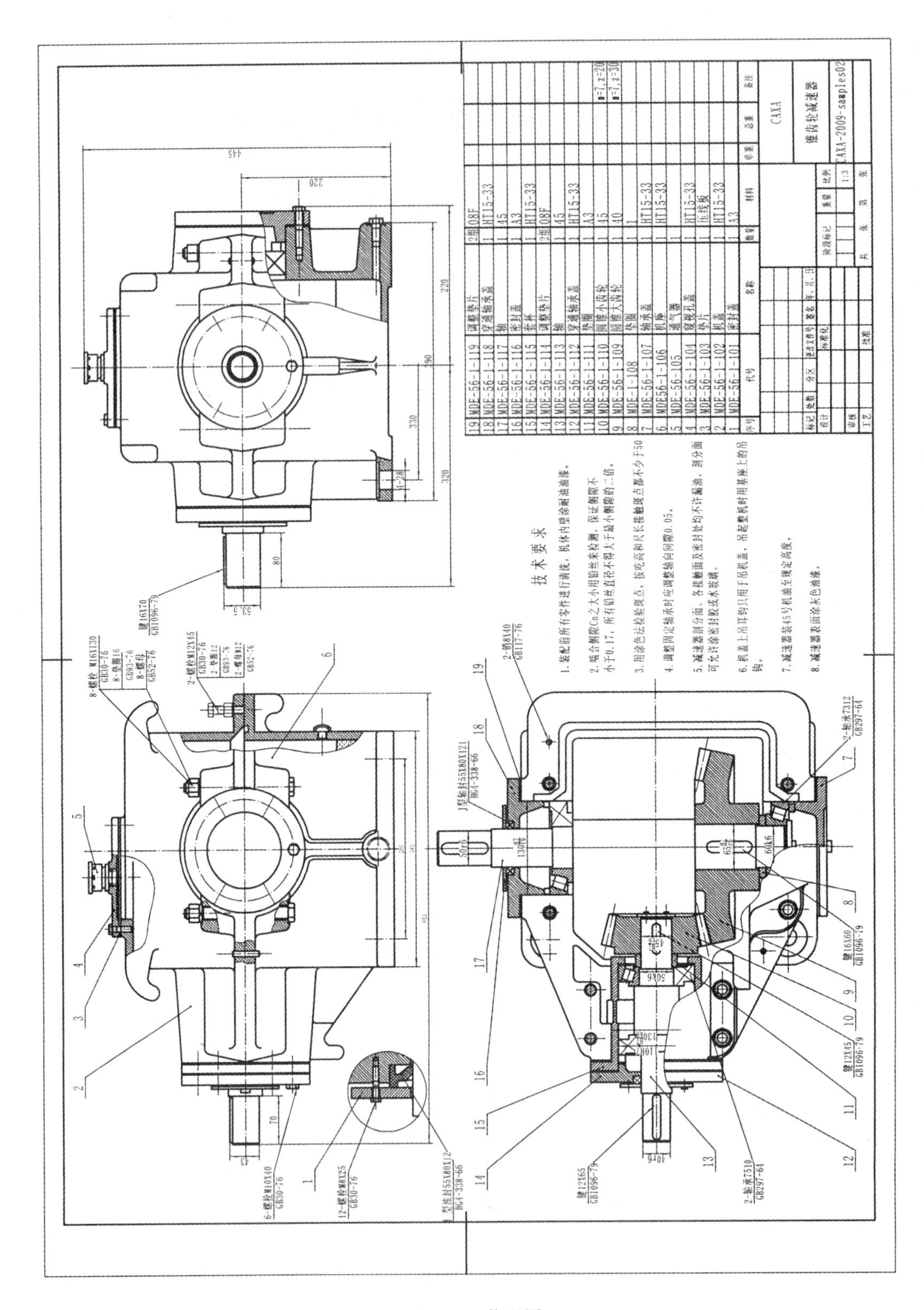

图 5－1　装配图

2. 装配图中的尺寸标注

装配图上应标注下列五种尺寸：性能尺寸(规格尺寸)、装配尺寸(配合尺寸和相对位置尺寸)、外形尺寸、安装尺寸、其他重要尺寸。

3. 装配图的零、部件序号及明细栏

装配图上对每个零件或部件都必须编注序号或代号，并填写明细栏，以便统计零件数量，进行生产的准备工作。同时，在看装配图时，也是根据序号查阅明细栏，以了解零件的名称、材料和数量等，有利于看图和图样管理。

五、实训内容

(1)熟悉 CAXA 电子图板绘制零件图时的基本流程和方法。

(2)强化练习。

六、实验步骤

实训任务 1：熟悉 CAXA 电子图板绘制零件图时的基本流程和方法

步骤如下：

(1)按照下图绘制装配图。

(2)按照“计算机绘图”课程所用教材 183 页的步骤进行练习。

实训任务 2：强化练习

“计算机绘图”课程所用教材第 202 页，课后练习题。

七、注意事项

(1)拼画装配图时注意各个零件移动时的基准点位置。

(2)调用标准件时，注意该零件的型号。

(3)写明细栏时，若空间不够，可折行。

八、实训思考

(1)拼画装配图的方法有哪些？

(2)绘制装配图时，如何提取标准件？

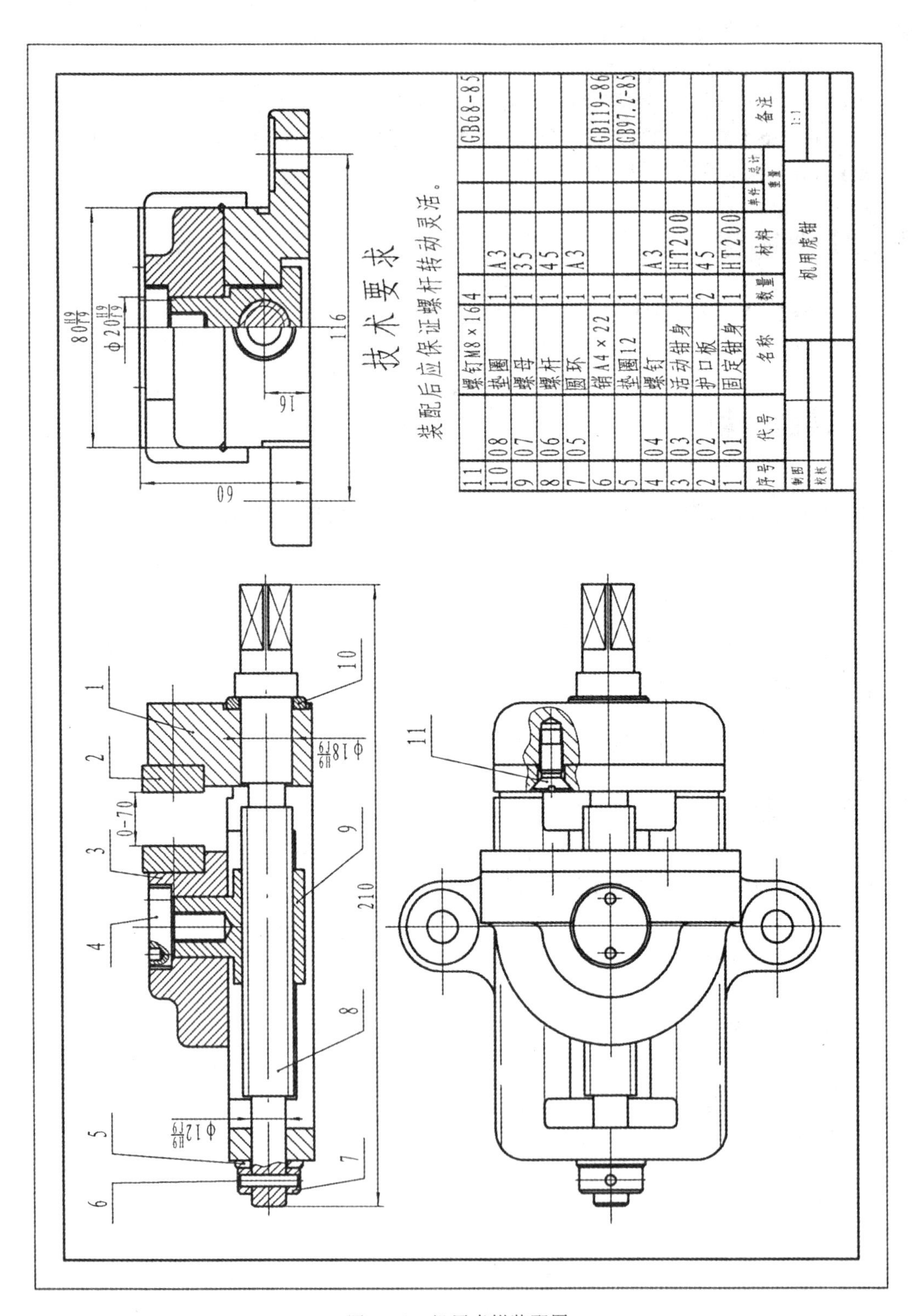
技术要求
装配后应保证螺杆转动灵活。
11 螺钉M8×16 4 GB68-85
10 08 垫圈 1 A3
9 07 螺母 1 35
8 06 螺杆 1 45
7 05 圆环 1 A3
6 销A4×22 1 GB119-86
5 垫圈12 1 GB97.2-85
4 04 螺钉 1 A3
3 03 活动钳身 1 HT200
2 02 护口板 2 45
1 01 固定钳身 1 HT200
序号 代号 名称 数量 材料 备注
机用虎钳
1:1
116
16
60
0-70
210
1
2
3
4
5
6
7
8
9
10
11

图 5-2　机用虎钳装配图

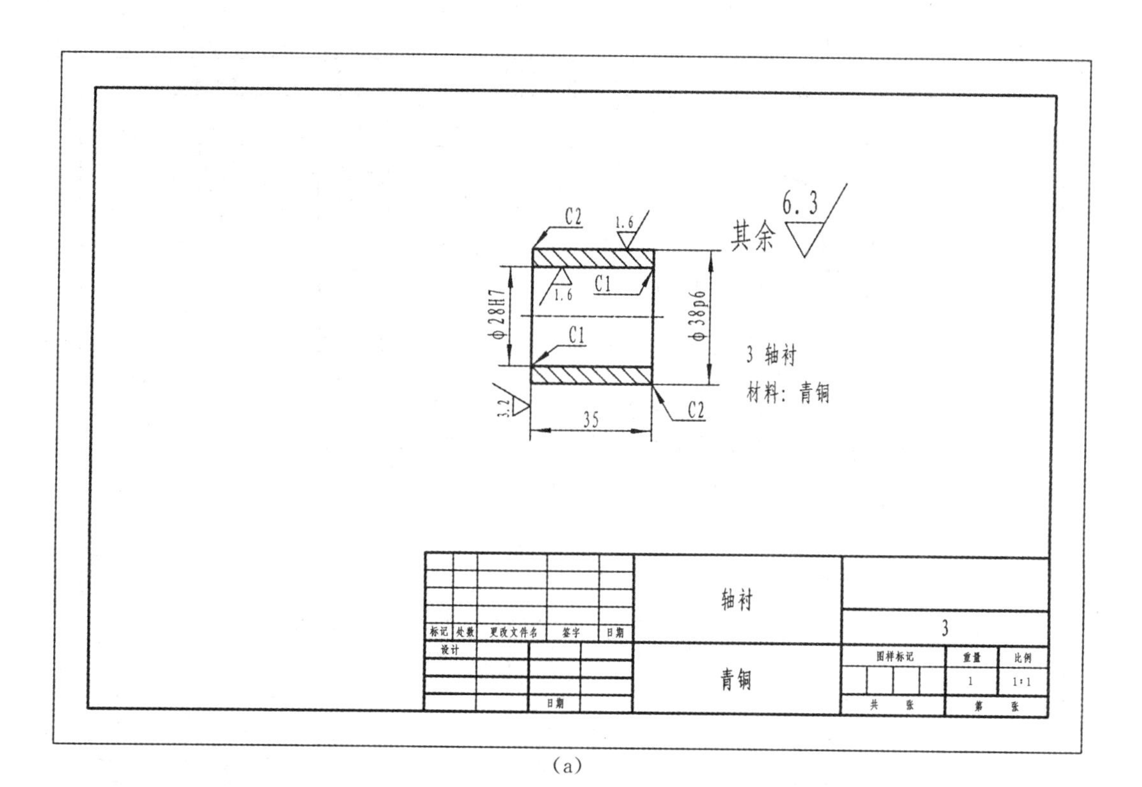

(a)

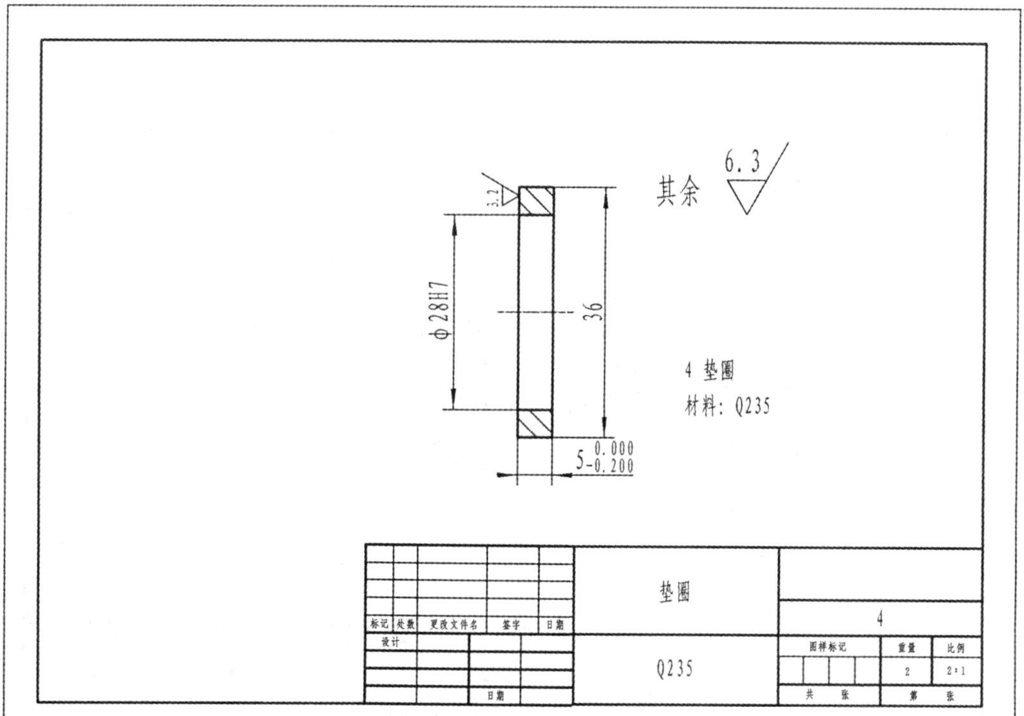

其余 6.3
3.2
ϕ28H7
36
4 垫圈
材料：Q235
$5^{0.000}_{-0.200}$
垫圈
4
标记 处数 更改文件名 签字 日期
设计
Q235
图样标记 重量 比例
2 2:1
日期
共 张 第 张

(b)

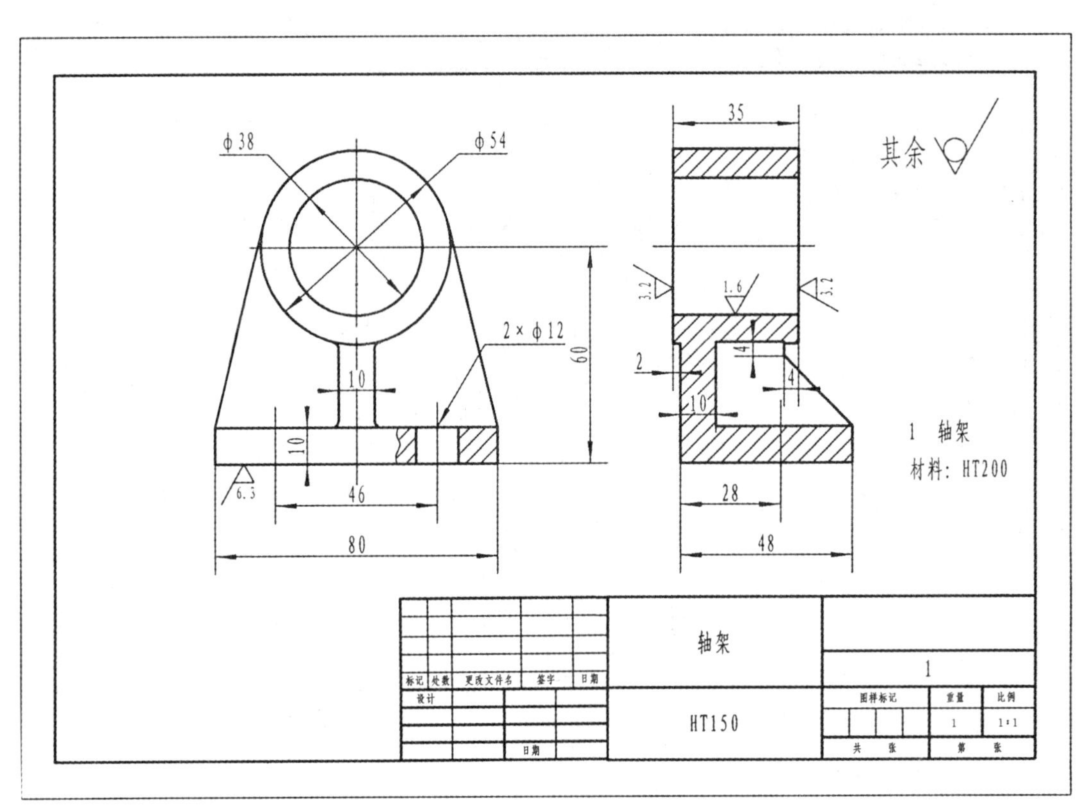

φ38
φ54
35
其余
2×φ12
10
60
3.2
1.6
3.2
2
4
4
10
10
6.3
46
80
28
48
1 轴架
材料：HT200
轴架
1
标记 处数 更改文件名 签字 日期
设计
HT150
图样标记 重量 比例
1 1:1
日期
共 张 第 张

(c)

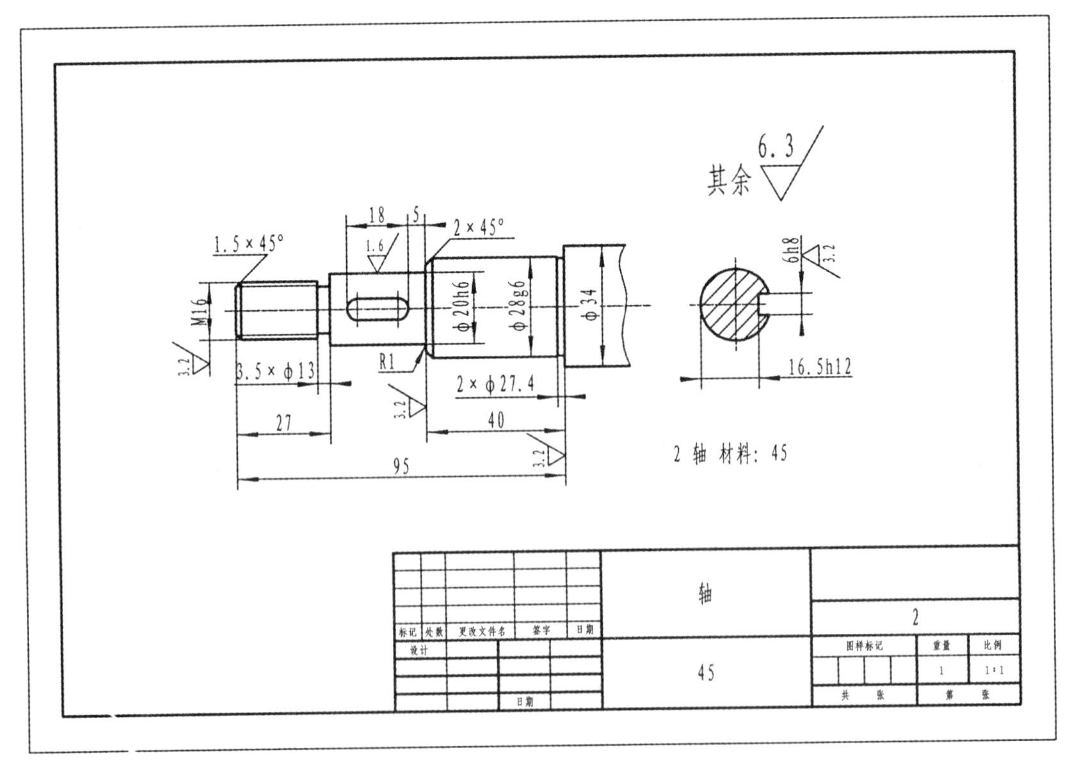

6.3
其余
18 5
2×45°
1.5×45°
1.6
6h8
3.2
M16
φ20h6
φ28g6
φ34
3.2
R1
3.5×φ13
16.5h12
2×φ27.4
3.2
27
40
3.2
95
2 轴 材料：45
轴
2
标记 处数 更改文件名 签字 日期
设计
45
图样标记 重量 比例
1 1:1
日期
共 张 第 张

(d)

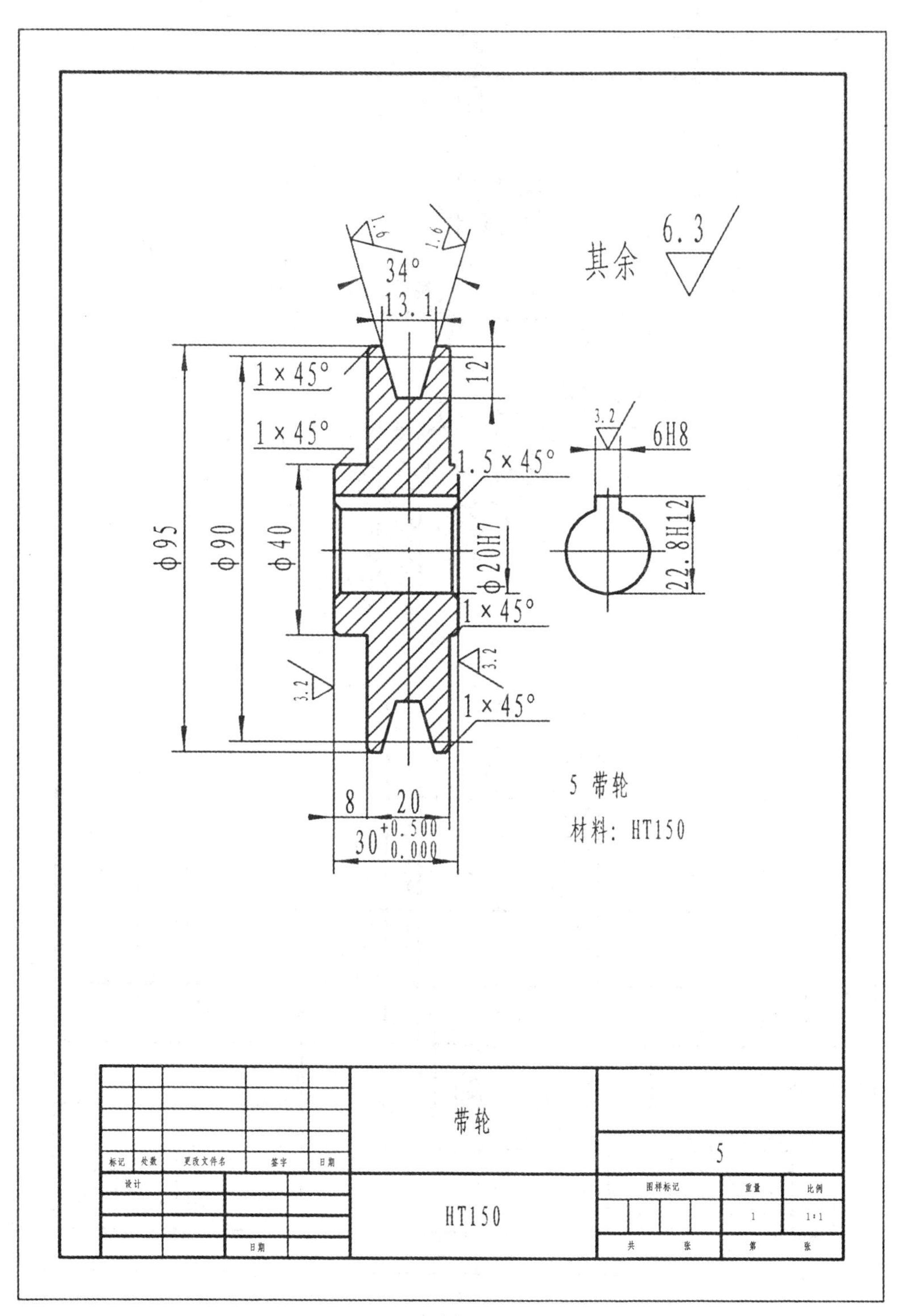

1.6
1.6
34°
13.1
其余 6.3
12
1×45°
1×45°
1.5×45°
3.2
6H8
ϕ95
ϕ90
ϕ40
ϕ20H7
22.8H12
1×45°
3.2
3.2
1×45°
5 带轮
材料：HT150
8
20
30 +0.500 0.000
标记
处数
更改文件名
签字
日期
设计
日期
带轮
HT150
5
图样标记
重量
比例
1
1:1
共
张
第
张

(e)

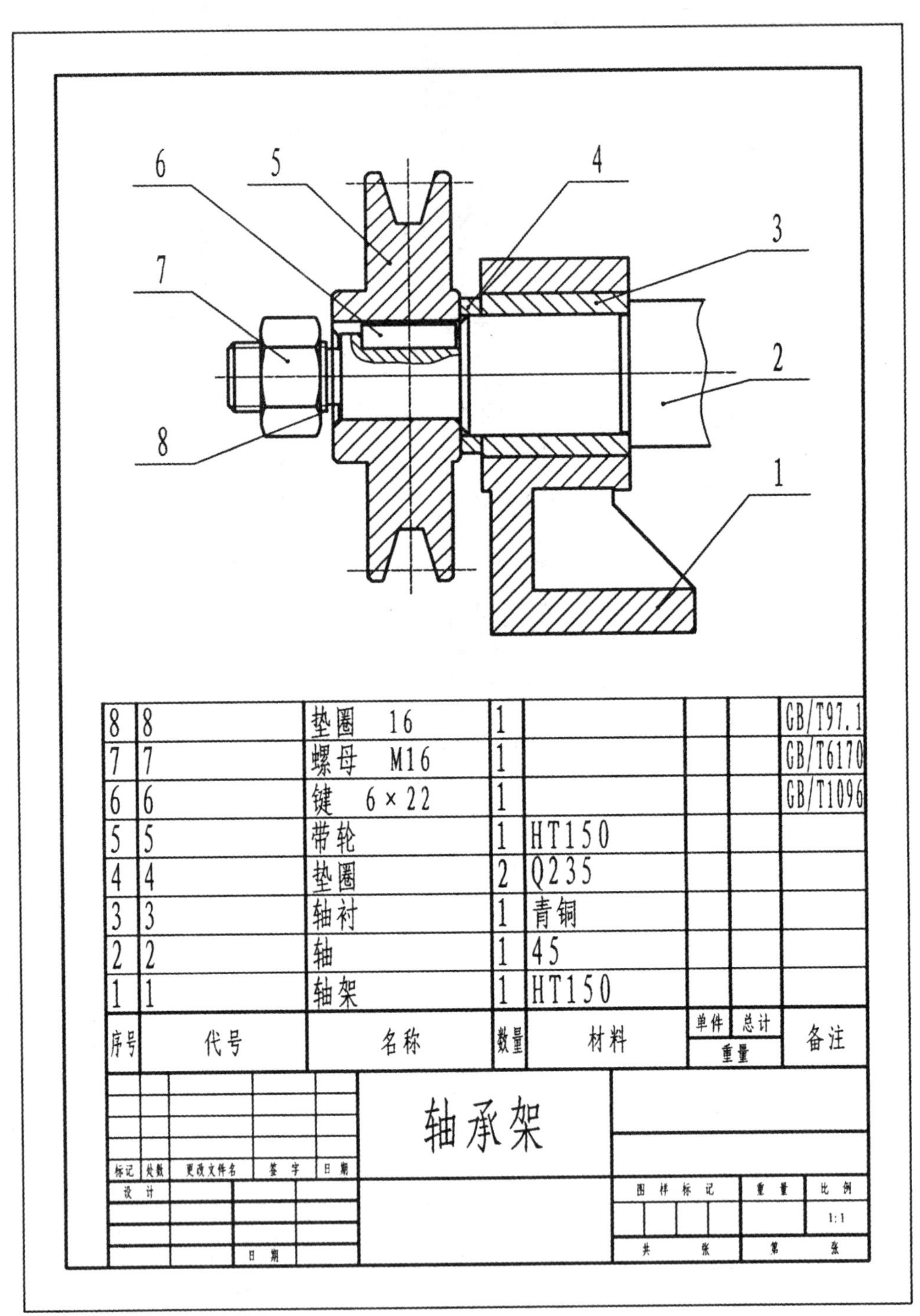

6
5
4
3
7
2
8
1
8 8 垫圈 16 1 GB/T97.1
7 7 螺母 M16 1 GB/T6170
6 6 键 6×22 1 GB/T1096
5 5 带轮 1 HT150
4 4 垫圈 2 Q235
3 3 轴衬 1 青铜
2 2 轴 1 45
1 1 轴架 1 HT150
序号 代号 名称 数量 材料 单件 总计 重量 备注
轴承架
标记 处数 更改文件名 签字 日期
设计
日期
图样标记 重量 比例
1:1
共 张 第 张

(f)

图 5-3 轴承架装配图

实训思考题五

指导老师____________ 班　级____________ 学生姓名____________ 学　号____________

1. 拼画装配图的方法有哪些？

2. 绘制装配图时，如何提取标准件？

3. 今天你学到了什么？有何建议和想法？

实训六　电路图的绘制实训

指导老师＿＿＿＿＿＿＿　班　级＿＿＿＿＿＿＿＿＿　学生姓名＿＿＿＿＿＿＿　学　号＿＿＿＿＿＿＿

一、实训目的

(1)熟悉CAXA电子图板软件的安装过程;用户界面。

(2)掌握CAXA电子图板的启动和退出;CAXA电子图板的基本操作。

二、预习要求

预习“机械制图”课程中的有关内容。

《机械制图项目教程》:

(1)直线的绘制。

(2)平行线的绘制。

(3)圆的绘制。

(4)圆弧的绘制。

三、实训设备

(1)CAXA电子图板2011—机械版。

(2)微型电子计算机 每人1台。

四、实验原理

添加电气电路符号,绘制电路图。

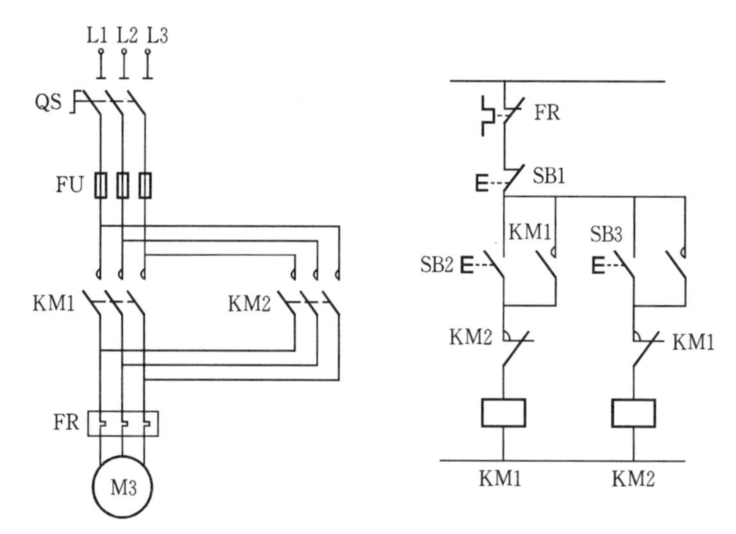

图 6-1　电机正反转控制图

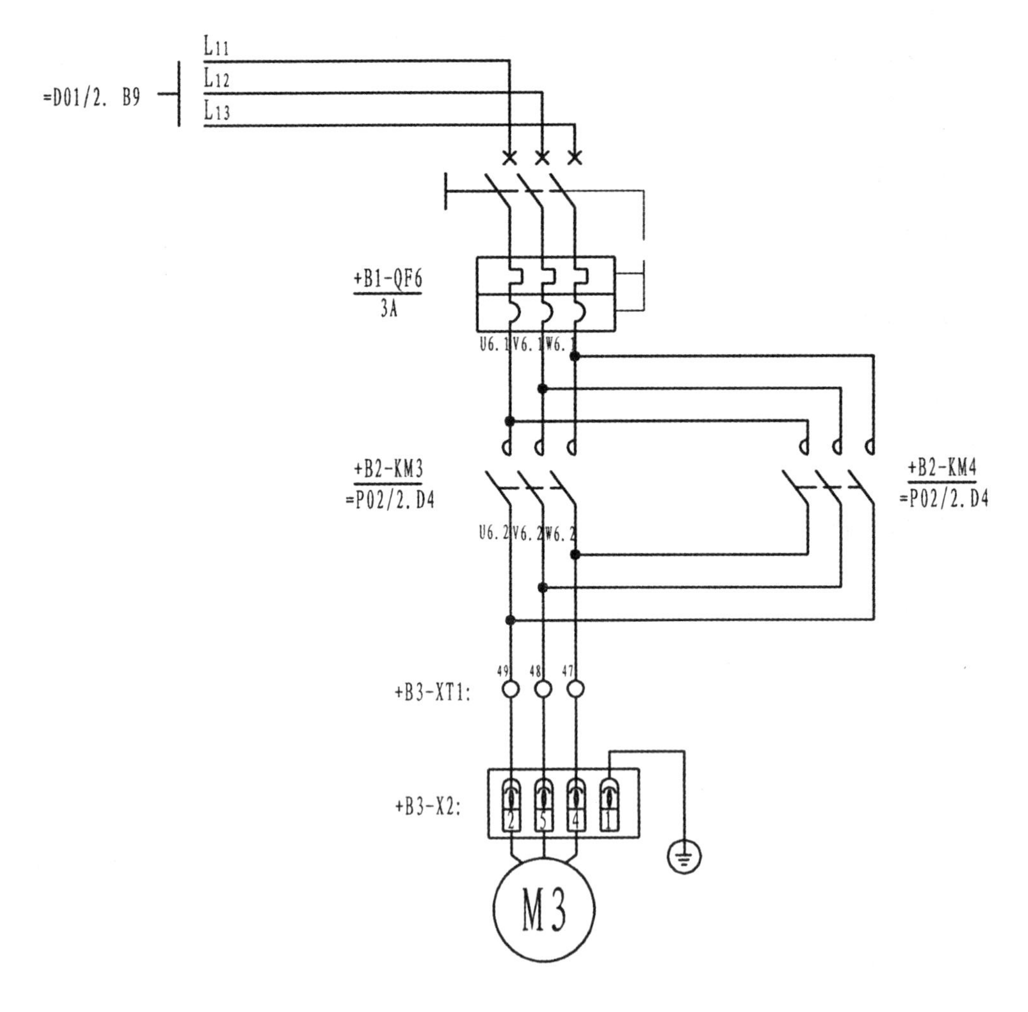

图 6-2　刀架主电路图原理框图

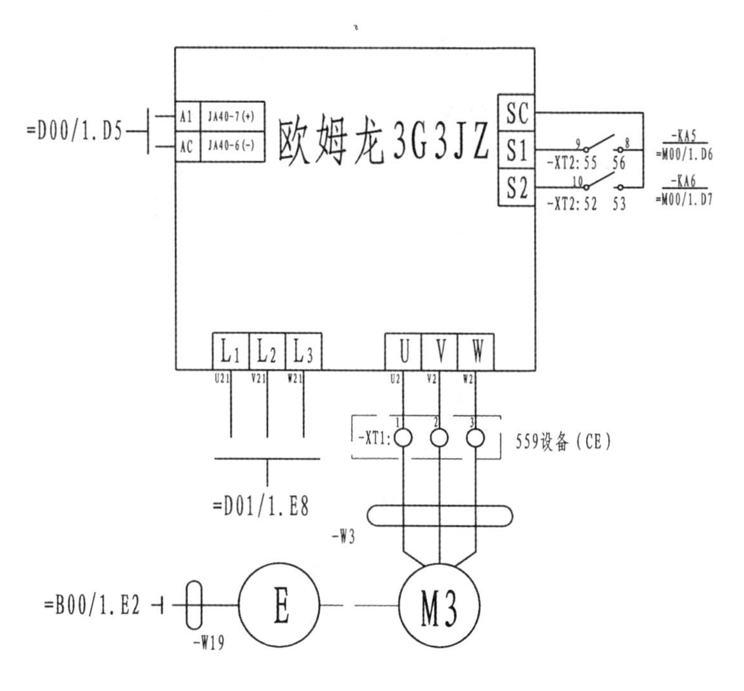

图 6-3　主轴主电路图原理框图

五、实训内容

(1)熟悉 CAXA 电子图板绘制电器图时的基本流程和方法。

(2)强化练习。

六、实验步骤

实训任务 1:熟悉 CAXA 电子图板绘制电器图时的基本流程和方法。

步骤如下:按照图 6-4 所示,绘制电器图。

(1)单击基本绘图工具栏的提取图符图标,选取电气符号→触电和开关选项,选取 07—13—03。

(2)在绘图区域点击,调出该图形。

(3)复制该图符,向右平移一份;再复制一份,向上平移一份。

(4)单击基本绘图工具栏的直线图标,选择两点线→连续命令,进行连线。如图 6-5 所示。

(5)单击基本绘图工具栏的矩形图标,选择长度和宽度命令,绘制矩形连线。如图 6-6 所示。

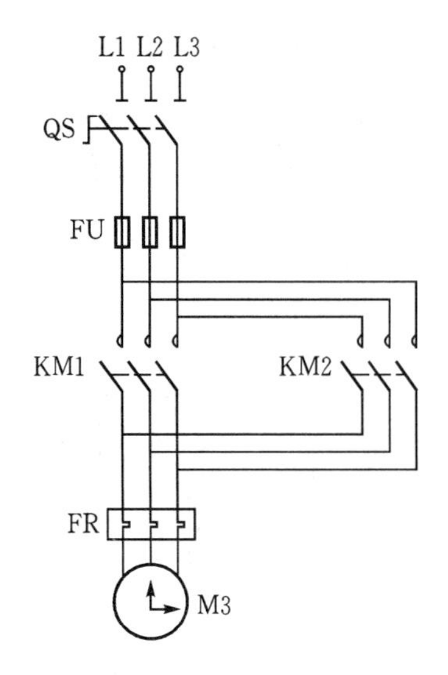

图 6-4　电机正反转控制图

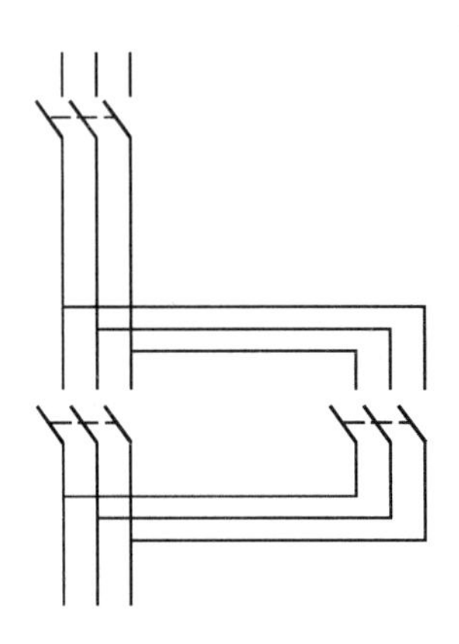

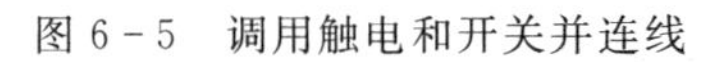
图 6-5　调用触电和开关并连线

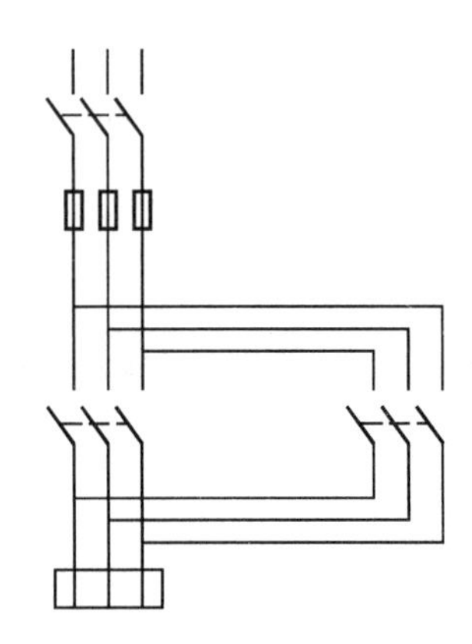

图 6-6　绘制其他符号

(6)单击基本绘图工具栏的圆图标，选择圆心　半径命令，绘制圆。如图 6-7 所示。

(7)单击基本绘图工具栏的直线图标，选择两点线→连续命令，进行连线。如图 6-8 所示。

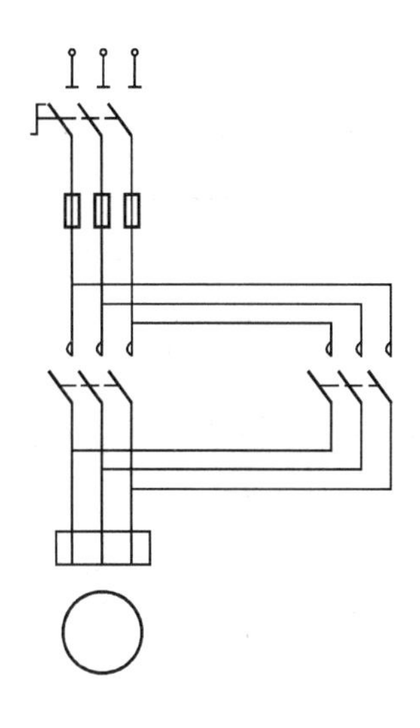
图 6-7　绘制接线、触点和电机

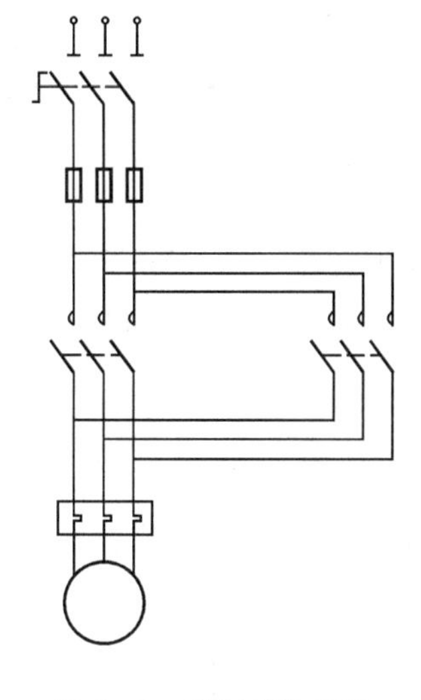
图 6-8　绘制其他符号

(8)单击基本绘图工具栏的文字图标A,选择制定两点命令,标注文字。如图 6-4 所示。

实训任务 2:强化练习

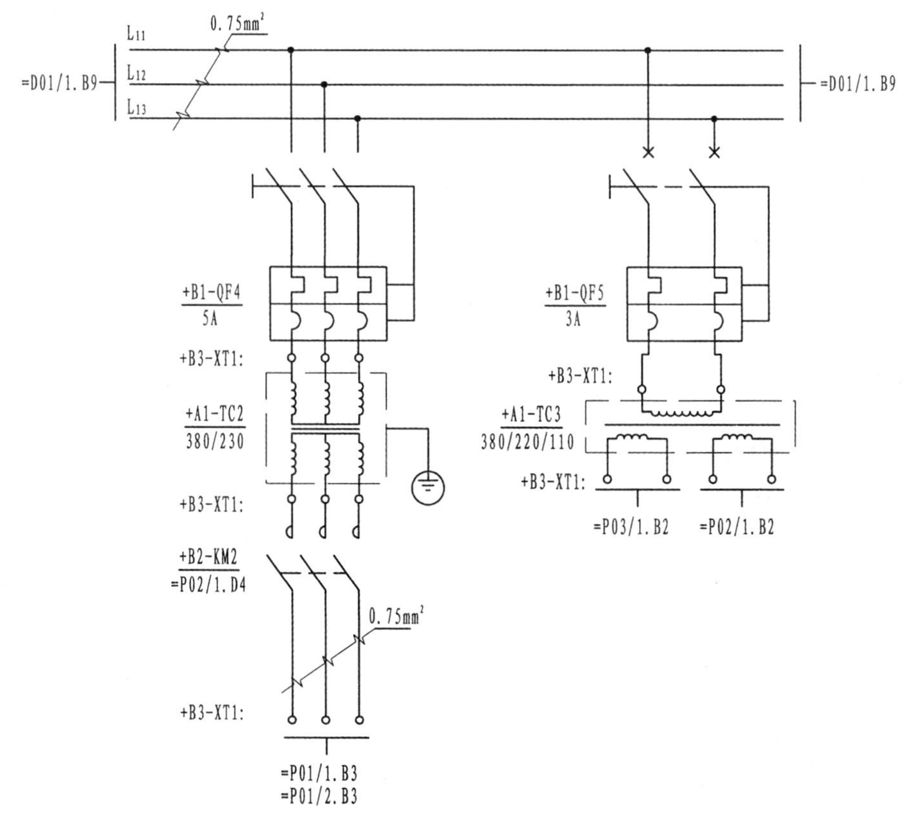

图 6-9　变压器图

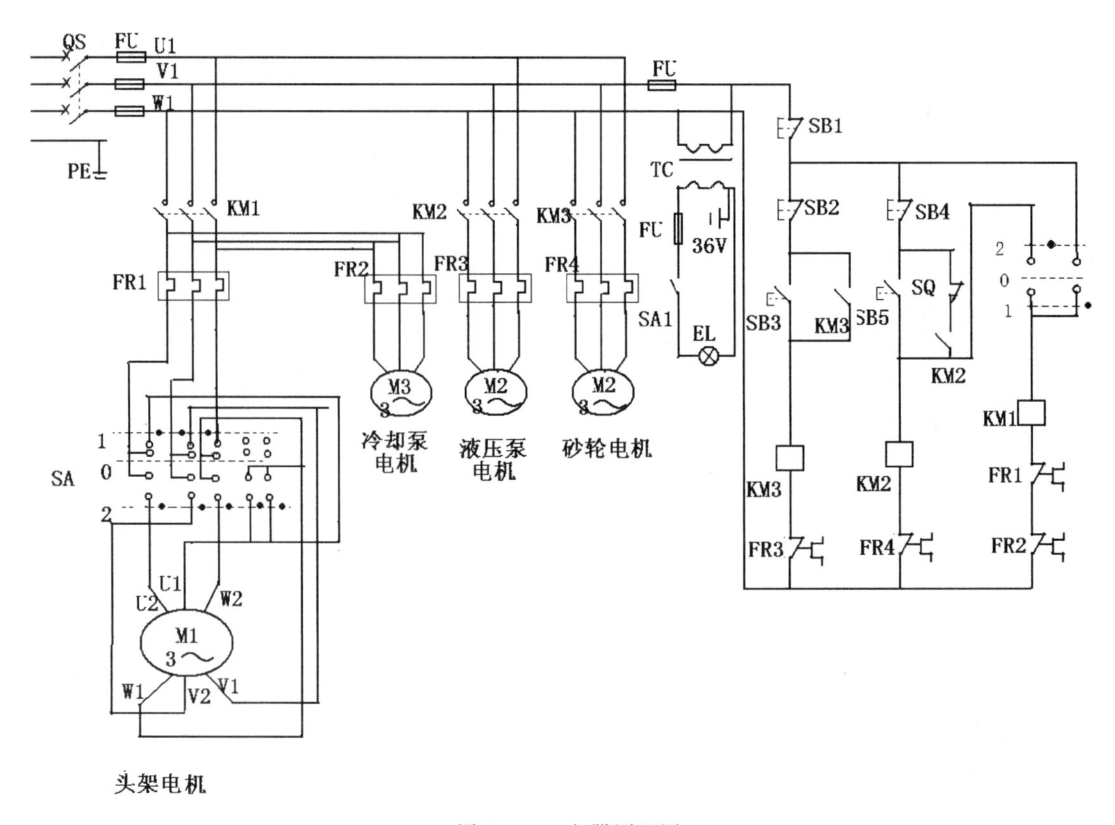

图 6-10 电器原理图

七、注意事项

(1)提取图符时,应注意与需要绘制的电气符号一致。若有区别,需进行修改。

(2)进行练习时,应注意连接的直线要合理美观。

八、实训思考

(1)块的创建与提取图符中的块有何区别?

(2)提取图符中的块能否进行修改?

实训思考题六

指导老师＿＿＿＿＿＿＿ 班　级＿＿＿＿＿＿＿＿ 学生姓名＿＿＿＿＿＿＿ 学　号＿＿＿＿＿＿＿

1. 块的创建与提取图符中的块有何区别？

2. 提取图符中的块能否进行修改？

3. 今天你学到了什么？有何建议和想法？

实训七　三维图形的绘制实训

指导老师＿＿＿＿＿＿　班　级＿＿＿＿＿＿＿　学生姓名＿＿＿＿＿＿　学　号＿＿＿＿＿＿

一、实训目的

(1)熟悉 CAXA 制造工程师软件的安装过程;CAXA 制造工程师的用户界面。

(2)掌握 CAXA 制造工程师软件的启动和退出;CAXA 制造工程师的基本操作。

二、预习要求

预习"机械制图"课程和"CAM 应用基础"[①]课程中的有关内容。

《机械制图项目教程》:

轴测图的绘制原理

(正等测、斜二测)

《CAXA 制造工程师 2008 实例教程》:

(1)拉伸命令

(2)旋转命令

(3)放样命令

(4)导动命令

(5)倒角命令

(6)孔命令

三、实训仪器

(1)CAXA 电子图板 2011—机械版。

(2)微型电子计算机 每人 1 台。

四、实验原理

轴测图的绘制原理图。

① 刘颖. CAXA 制造工程师 2008 实例教程,北京:清华大学出版社,2009.

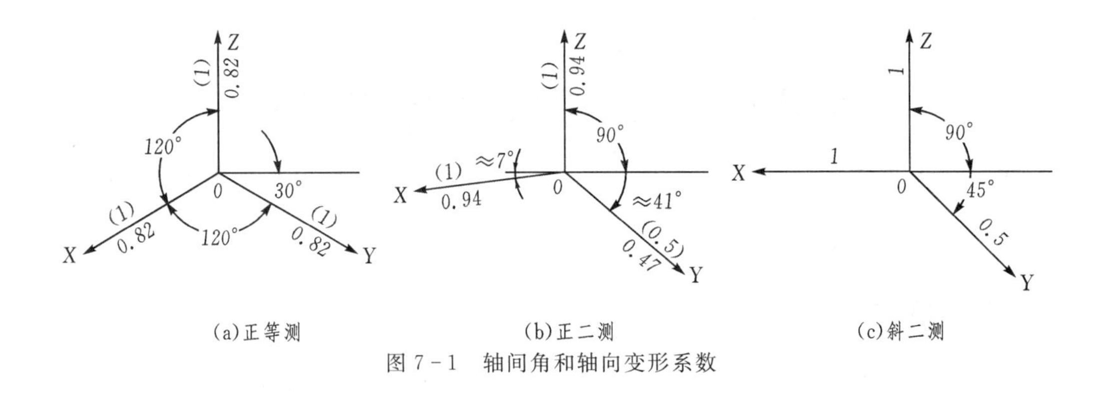

(a)正等测　　(b)正二测　　(c)斜二测

图 7-1　轴间角和轴向变形系数

五、实训内容

(1)轴测图的绘制。

(2)实体特征造型。

(3)实体特征编辑。

(4)强化练习。

六、实验步骤

实训任务 1:轴测图的绘制①

绘制正等测图。

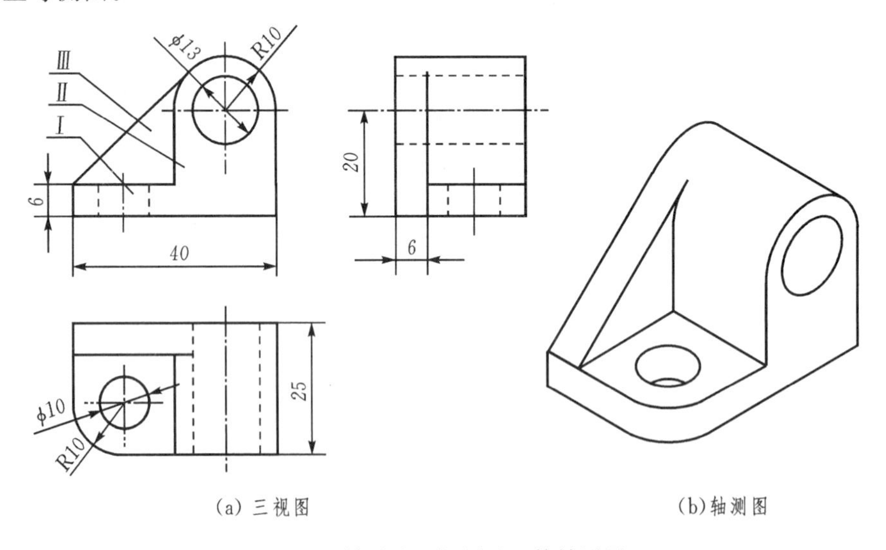

(a) 三视图　　(b)轴测图

图 7-2　轴承座三视图及正等轴测图

① 杨延波.《基于 CAXA 电子图版软件绘制轴测图方法的探讨》. 无锡职业技术学院学报. 江苏:无锡职业技术学院学报编辑部,2013,12,5(44).

(1)将零件分解成三个基本形体Ⅰ、Ⅱ、Ⅲ。

该轴承座由三部分组成：底座是一个形体，轴承是一个形体，左边的支撑板是一个形体，三个基本形体如图 7-2 中的(b)所示。

(2)根据正等测轴测图原理，绘制形体Ⅰ。

①使用极坐标输入法绘制轴承座的底座，如图 7-3 中的(a)所示。

②在作圆角的边线上量取圆角半径 $R(R=10)$，自量得的点作边线的垂线，然后以两垂线交点 A 为圆心，垂线长为半径画弧，所得弧即为轴测图上的圆角。若其他三个角也有圆角，则画法一致。对绘制好的弧进行编辑，则圆角如图 7-3 中的(b)所示。

③分别过圆弧与棱边的切点（B 和 C）作底座长和宽方向的平行线 BD 和 CD，两平行线的交点即为底座上孔的中心 D。

④打开文件 T2，使用缩放命令，缩小菱形法绘制圆的轴测图（原来直径 d 为 $\phi100$），比例因子为 0.1。移动缩小后的椭圆到刚才确定的孔中心 D，则以 D 为圆心绘制出椭圆。

⑤用相同方法，绘制出底面椭圆，结果如图 7-3 中的(c)所示。

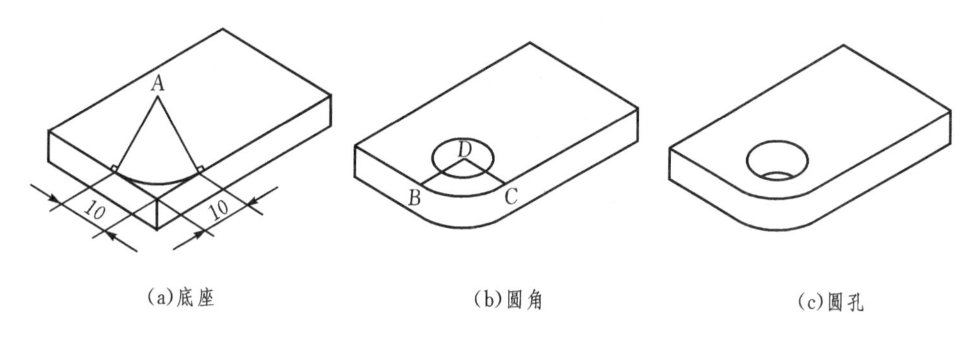

图 7-3　底座的正等轴测图

(3)绘制形体Ⅱ。

①使用极坐标输入法绘制轴承基座上方的长方体，如图 7-4 中的(a)所示。

②打开文件 T2，使用缩放命令，缩小菱形法绘制圆的轴测图，比例因子为 0.2。再使用旋转命令，顺时针旋转 60°。最后移动编辑后的椭圆到棱边的中点 E。

③轴承座中心孔的方法与以上方法一致，其中比例因子为 0.13。

④复制以上两个椭圆到另一棱边的中点 F，如图 7-4 中的(b)所示。

⑤使用删除和裁剪命令进行编辑，编辑后的轴承正等轴测图如图 7-4 中的(c)所示。

(4)绘制形体Ⅲ。首先，使用直线命令绘制支撑板。其次，使用复制和移动命令进行编辑。最后，使用裁剪和删除命令对整个轴测图进行编辑，最终效果如图 7-2 中的(b)所示。

绘制端盖的斜二测图如图 7-5 所示。

①将零件分解成两个基本形体Ⅰ、Ⅱ。

该端盖由两部分组成：圆柱筒是一个形体Ⅰ，底座是一个形体Ⅱ，如图 7-5 中所示。

②根据斜二测图原理，绘制形体Ⅰ。

该端盖上所有圆均平行于 XOZ 坐标面。因此，在斜二测图中应反映真实形状，即当物体上只有平行于 XOZ 坐标面的圆时，圆仍为圆。

首先，绘制端盖零件上圆柱筒的两个同心圆 $\phi66$ 和 $\phi36$。其次，选中刚绘制好的两个同心

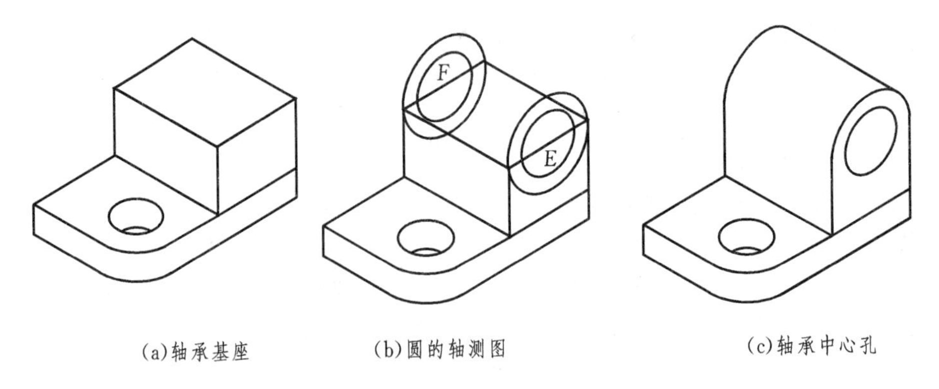

图 7-4　轴承的正等轴测图

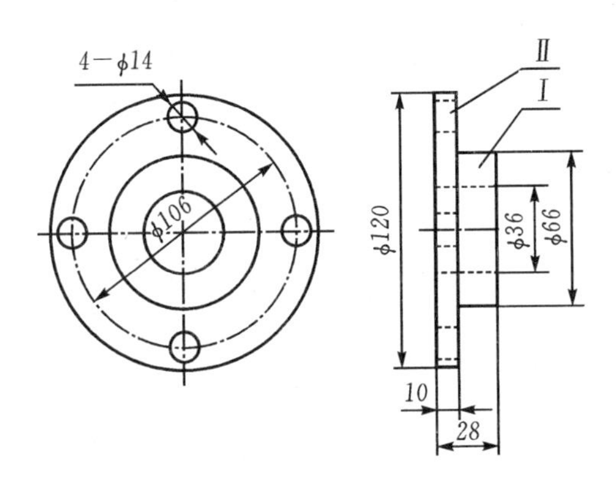

图 7-5　端盖的三视图及斜二等轴测图

圆 ϕ66 和 ϕ36，以圆心为基点，复制位移为@9<135。再次，使用直线命令绘制圆柱筒的切线。最后，使用裁剪命令进行编辑，圆柱筒的斜二测图如图 7-6 中的(a)所示。

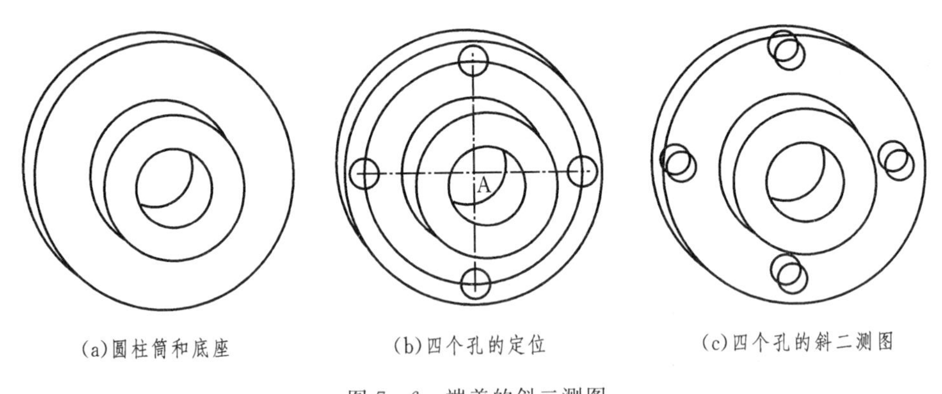

图 7-6　端盖的斜二测图

③绘制形体Ⅱ。

首先，绘制端盖零件上底座的圆 ϕ120 和 ϕ36。其次，选中刚绘制好的两个同心圆 ϕ120 和 ϕ36，以圆心为基点，复制位移为@14<135。再次，绘制底座的切线。最后，使用裁剪命令进行编辑，底座的斜二轴测图如图 7-6 中的(a)所示。

④绘制形体Ⅱ中四个孔的斜二测图。

首先，绘制出底座上四个孔，如图 7-6 中的(b)所示。其次，选中刚绘制好的四个孔，以中心线交点 A 为基点，复制位移为@5<135，如图 7-6 中的(c)所示。

⑤使用裁剪和删除命令对绘制好的四个孔进行编辑，完成端盖的斜二测图。

实训任务 2：实体特征造型

1. 拉伸命令

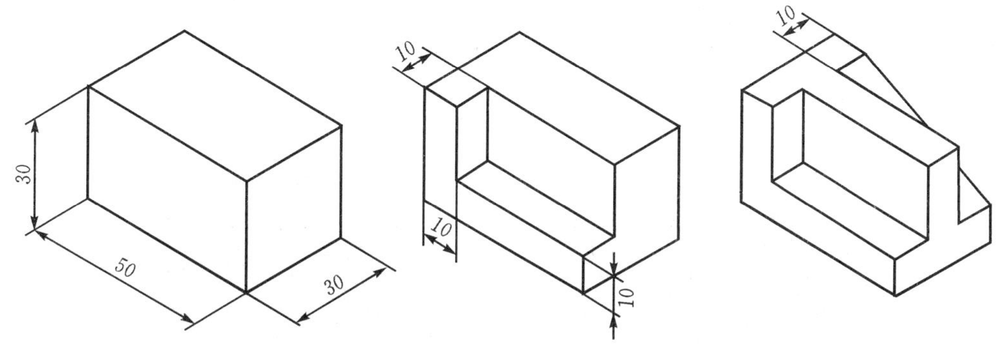

图 7-7　拉伸的三维实体

步骤如下：

(1)打开 CAXA 制造工程师软件，选择平面 XY 为草绘平面。选择绘制草绘图标。

(2)选择矩形图标，选取中心_长_宽命令，输入长 50，宽 30。在绘图区域，选择坐标原点为定位点。

(3)单击草绘图标，退出草图设计。再选择拉伸增料图标。在弹出的对话框中设置深度值 30，拉伸对象草图 0(选择矩形)，如图 7-8 所示。单击确定按钮，生成的三维实体如图 7-9 所示。

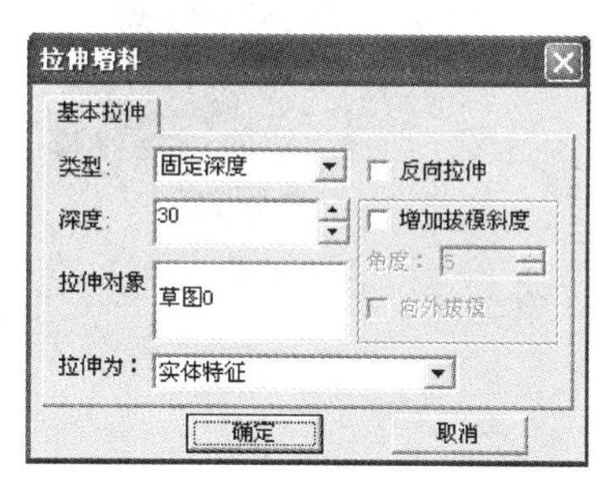

图 7-8　拉伸增料对话框

图 7-9　拉伸的长方体

(4)选择长方体的左侧面。选择绘制草绘图标，选择直线图标。在长方体的左侧面绘制二维草图，如图 7-10 所示。

(5)单击草绘图标，退出草图设计。再选择拉伸除料图标。在弹出的对话框中设置深度值 10，拉伸对象草图 1(选择矩形)，如图 7-11 所示。单击确定按钮，生成的三维实体如图 7-12 所示。

图 7-10　绘制的二维草图

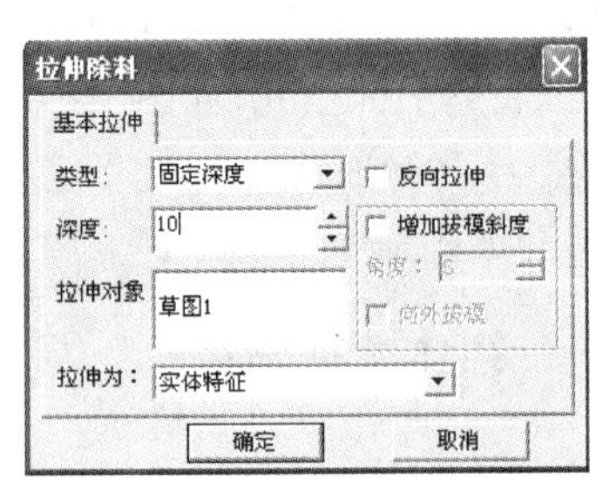

图 7-11　拉伸除料对话框

(6)选择长方体的右侧面。选择绘制草绘图标,选择直线图标。在长方体的侧面绘制二维草图,如图 7-13 所示。

图 7-12　拉伸除料

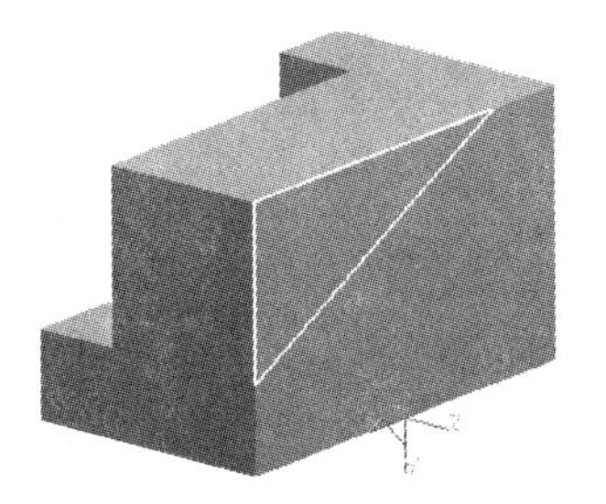

图 7-13　绘制二维草图

(7)单击草绘图标,退出草图设计。再选择拉伸除料图标。在弹出的对话框中设置深度值 10。拉伸对象草图 2(选择直角三角形),如图 7-14 所示。单击确定按钮,生成的三维实体如图 7-15 所示。

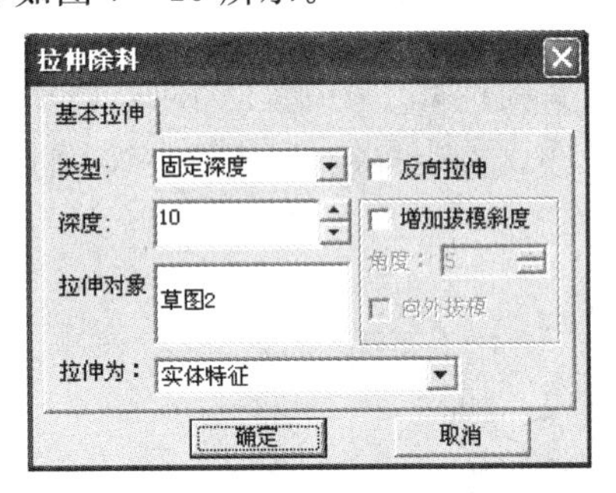

图 7-14　拉伸除料对话框

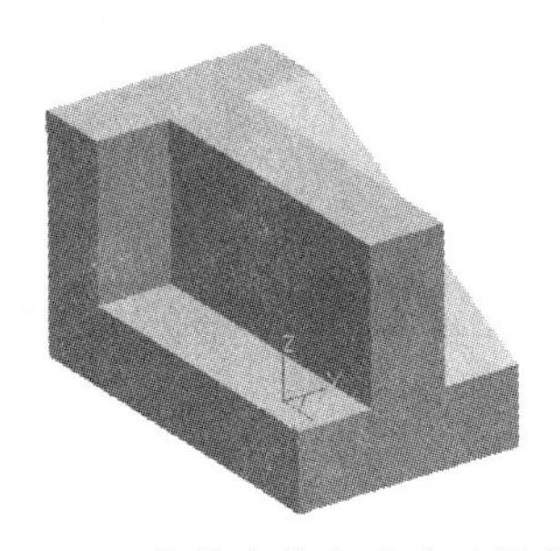

图 7-15　拉伸命令生成的三维实体

2. 旋转命令

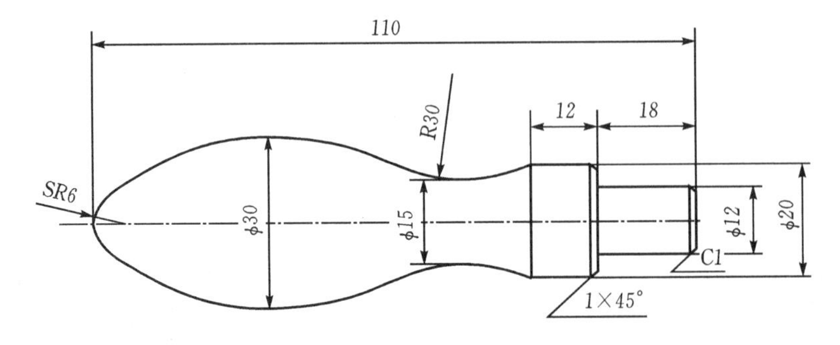

图 7-16　手柄

步骤如下：

(1)打开 CAXA 制造工程师软件，选择平面 XY 为草绘平面，选择绘制草绘图标。

(2)选择直线图标。绘制长度为 6 直线。再绘制长度为 74 的直线。

(3)选择圆图标。在左端绘制直径为 $\phi6$ 圆，如图 7－17 所示。

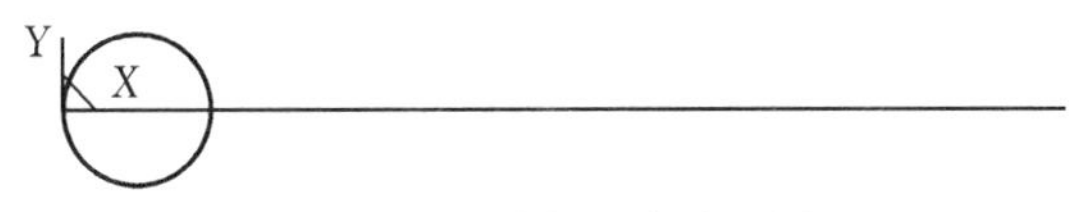

图 7－17　绘制的直线和圆

(4)选择直线图标。在右端绘制直线，如图 7－18 所示。

图 7－18　绘制的直线

(5)选择等距线图标，使水平线向上偏移 7.5，再向上偏移 37.5。再选择圆图标，绘制半径 $R30$ 的圆(两个)，如图 7－19 和图 7－20 所示。

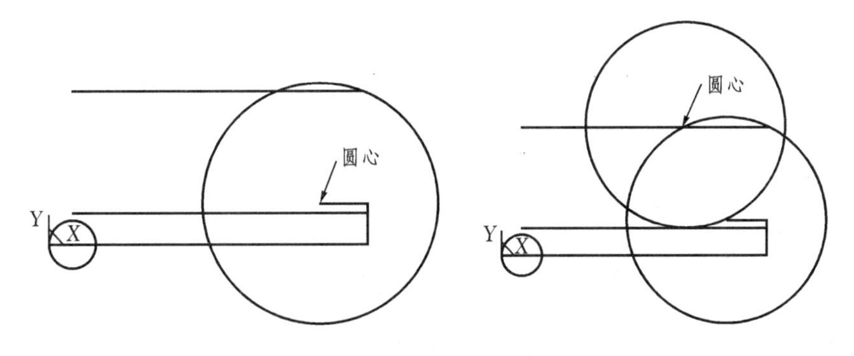

图 7－19　偏移的曲线和绘制的圆　　　　图 7－20　绘制的圆

(6)选择等距线图标，使水平线向上偏移 15。再选择圆弧图标，选择三点圆弧命令，绘制 $R15$ 的圆弧。如图 7－21 所示。

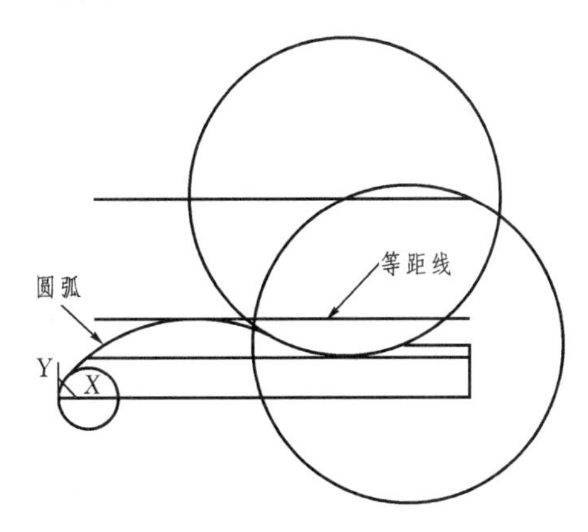

图 7－21　偏移的曲线和绘制的圆弧

(7)选择删除图标,删除辅助线。再选择裁剪图标,裁剪其他曲线,如图 7－22 和图 7－23所示。

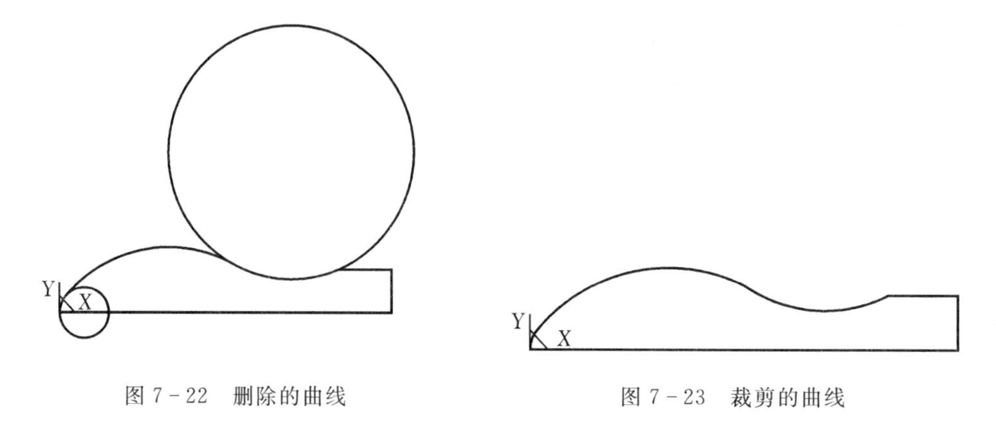

图 7－22　删除的曲线　　　　图 7－23　裁剪的曲线

(8)单击草绘图标,退出草图设计。再选择直线图标。在右端绘制直线,如图 7－24 所示。

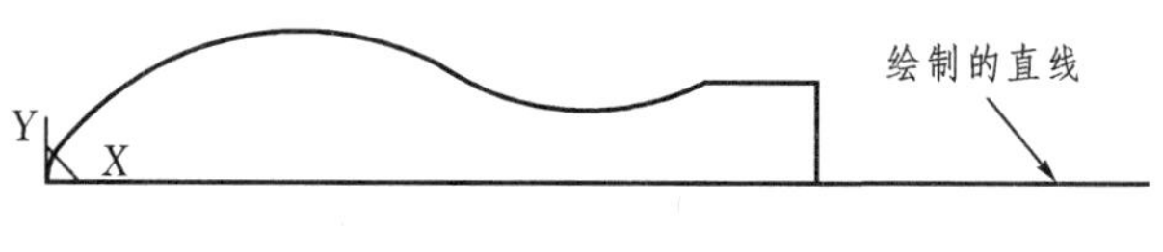

图 7－24　右端绘制的直线

(9)选择旋转增料图标,在弹出的对话框中设置参数,草图选择,轴线选择,如图 7－25 所示。单击确定按钮,生成的三维实体如图 7－26 所示。

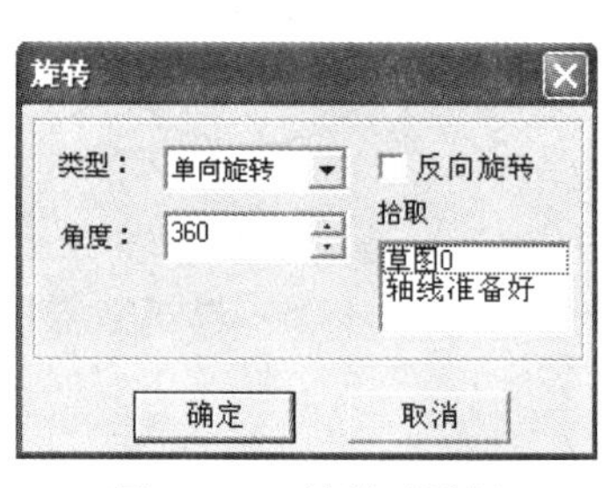

图 7－25　旋转对话框

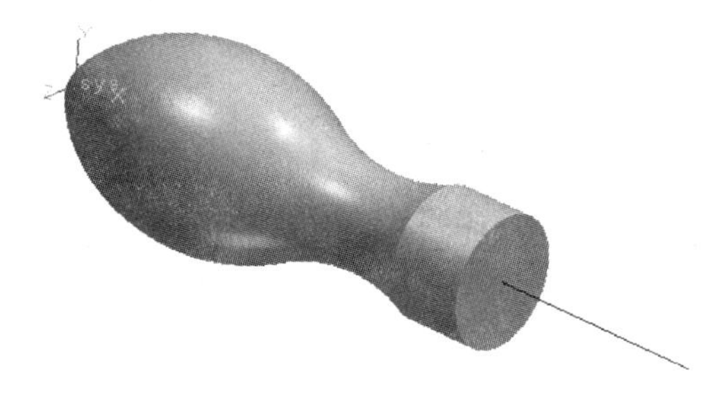

图 7－26　生成的三维实体

(10)选择手柄的右端面,单击草绘图标。再选择圆图标,绘制直径 ϕ12 的圆,如图 7－27所示。

(11)单击草绘图标,退出草图设计。再选择拉伸增料图标。在弹出的对话框中设置深度值 18,如图 7－28 所示。单击确定按钮。

图 7-27　绘制的圆

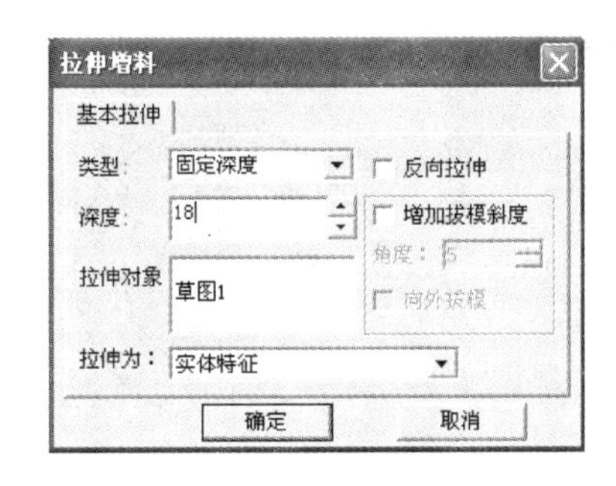

图 7-28　拉伸增料对话框

(12)选择删除图标,删除辅助线。绘制的三维实体如图 7-29 所示。

(13)选择倒角图标,系统弹出倒角对话框,如图 7-30 所示。选择需倒角的棱边(两个),点击确定按钮。最终绘制的三维实体如图 7-31 所示。

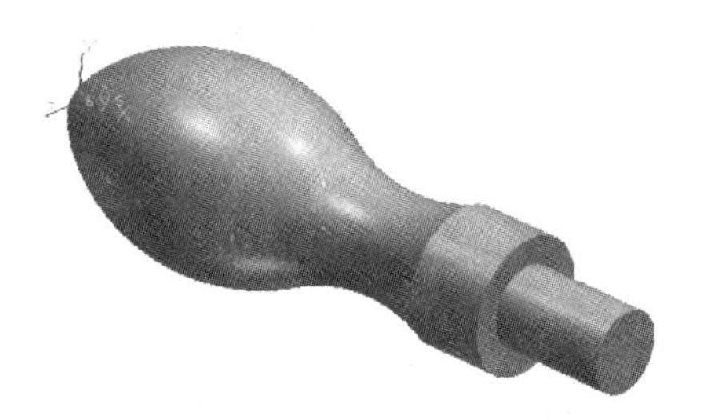

图 7-29　手柄的三维实体

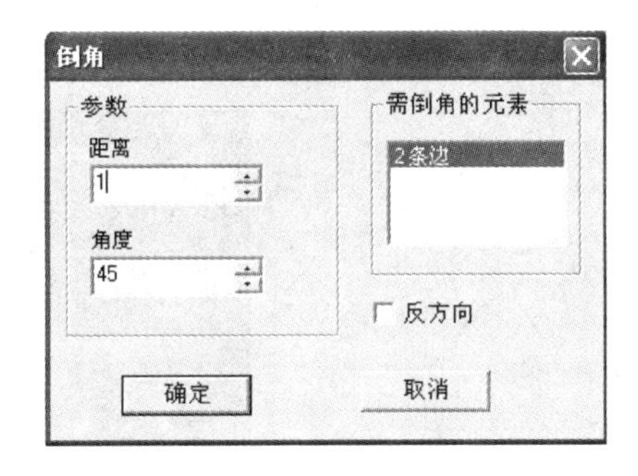

图 7-30　倒角对话框

图 7-31　绘制的手柄三维实体

3. 放样命令

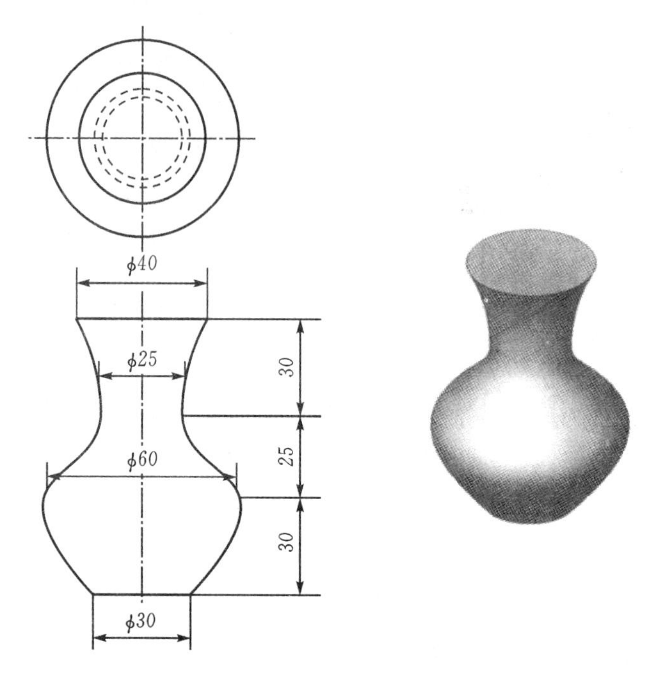

图 7-32　花瓶

步骤如下：

(1)打开 CAXA 制造工程师软件，选择平面 XY 为草绘平面。选择绘制草绘图标，再选择圆图标。在坐标原点处，绘制直径为 ϕ30 圆，如图 7-33 所示。

(2)选择构造基准面图标，在弹出的对话框中设置距离参数为 30，如图 7-34 所示。

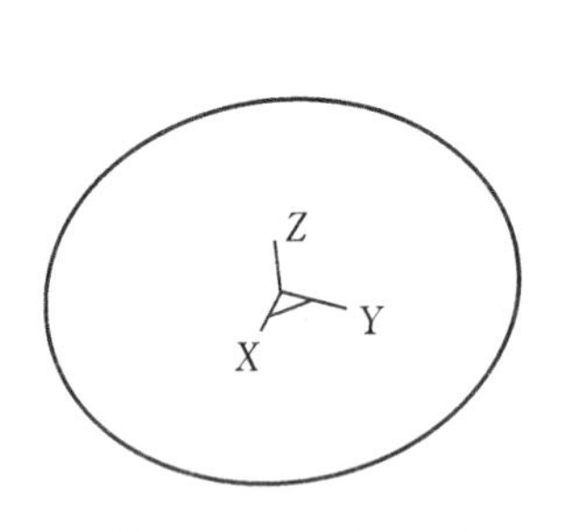

图 7-33　绘制的圆

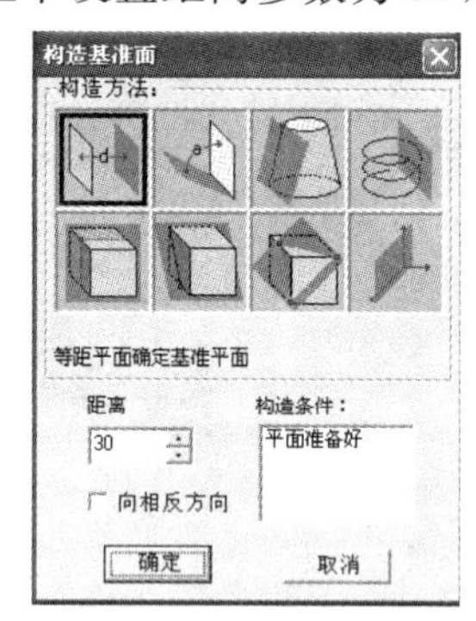

图 7-34　构造基准面对话框

(3)选择刚偏移的基准平面，再绘制草绘图标，再选择圆图标。在坐标原点处，绘制直径为 ϕ60 圆，如图 7-35 所示。

(4)单击草绘图标，退出草图设计。再选择构造基准面图标，在弹出的对话框中设置距离参数为 55，构造条件选择平面 XY，如图 7-36 所示。

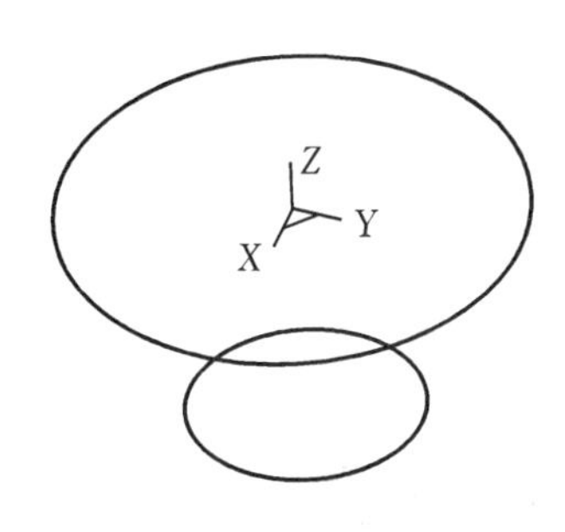

图 7-35　绘制的圆

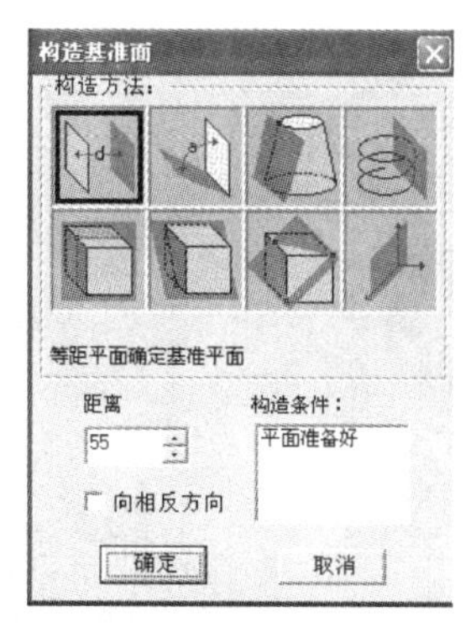

图 7-36　构造基准面对话框

(5)选择刚偏移的基准平面,再选择绘制草绘图标,再选择圆图标。在坐标原点处,绘制直径为 $\phi25$ 圆,如图 7-37 所示。

(6)单击草绘图标,退出草图设计。再选择构造基准面图标,在弹出的对话框中设置距离参数为 85,构造条件选择平面 XY,如图 7-38 所示。

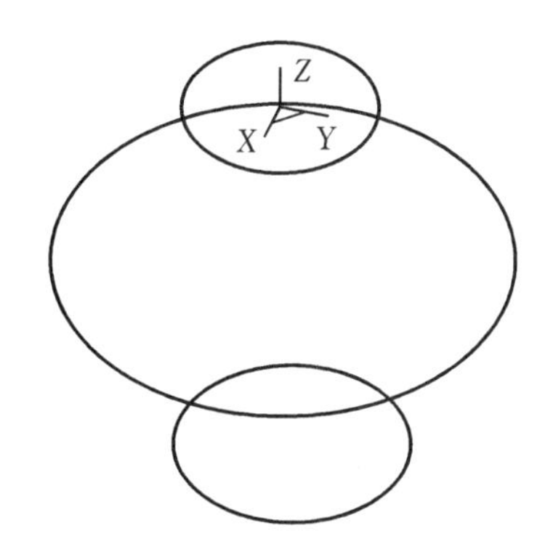

图 7-37　绘制的圆

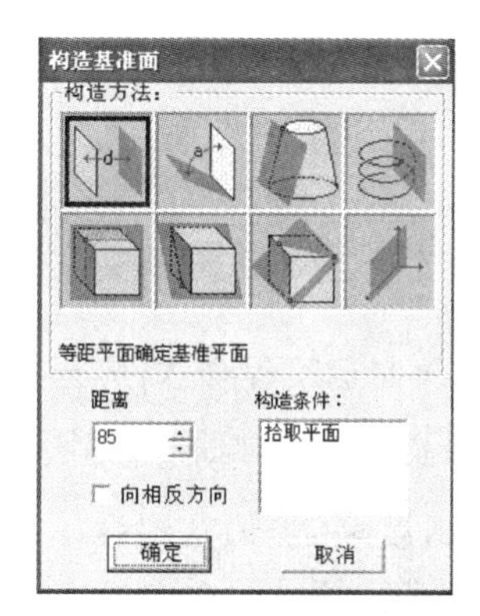

图 7-38　构造基准面对话框

(7)选择刚偏移的基准平面,再选择绘制草绘图标,再选择圆图标。在坐标原点处,绘制直径为 $\phi40$ 圆,如图 7-39 所示。

(8)单击草绘图标,退出草图设计。再选择放样增料图标,在弹出的对话框中依次选择所绘制的圆,如图 7-40 所示。单击确定按钮,结果如图 7-41 所示。

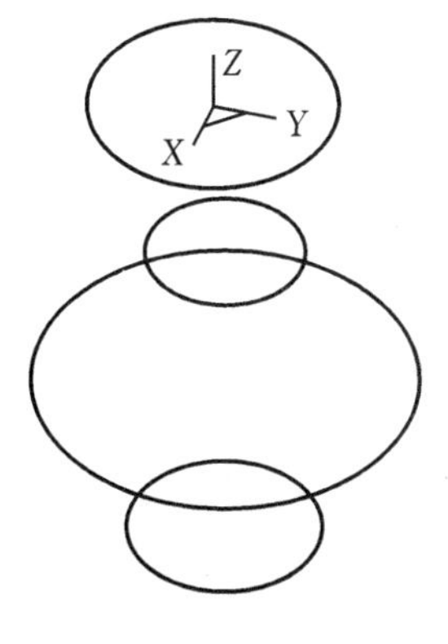

图 7-39　绘制的圆

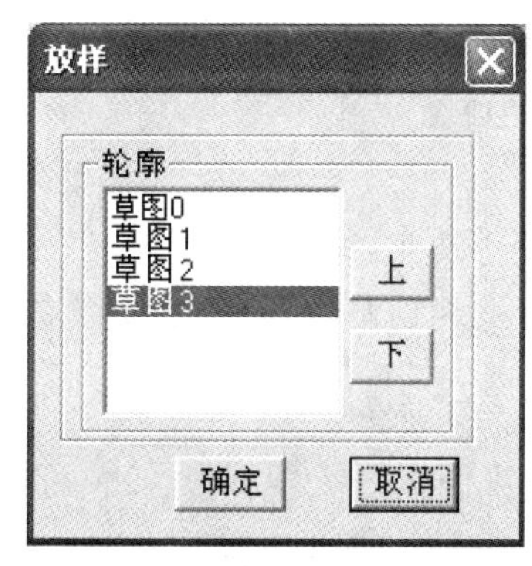

图 7-40　放样对话框

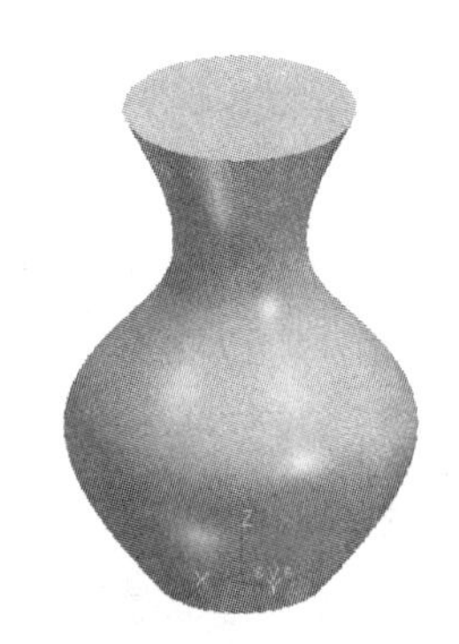

图 7-41　花瓶的三维实体

4. 导动命令

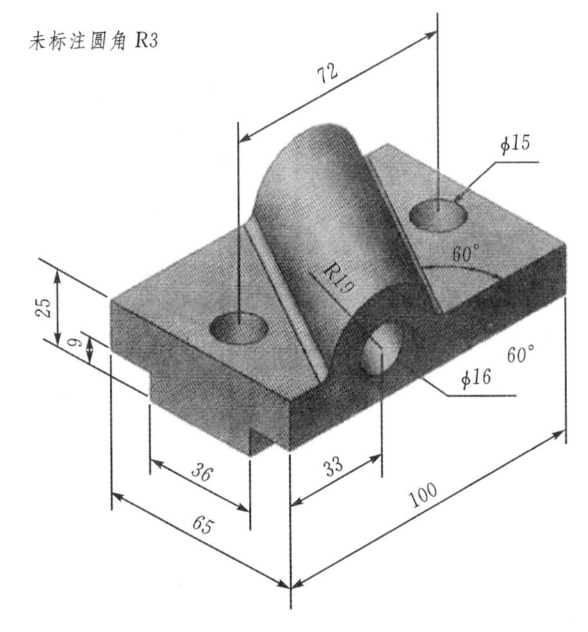

图 7-42　导动命令生成的实体

步骤如下：

(1)打开 CAXA 制造工程师软件，选择平面 XY 为草绘平面。选择绘制草绘图标，再选择直线图标。绘制二维轮廓曲线，如图 7-43 所示。

(2)单击草绘图标，退出草图设计。再选择拉伸增料图标。在弹出的对话框中设置深度值 100，如图 7-44 所示。单击确定按钮。

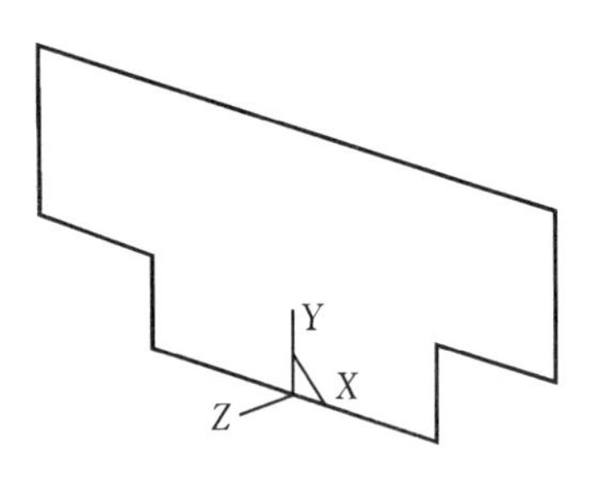

图 7-43　二维轮廓曲线

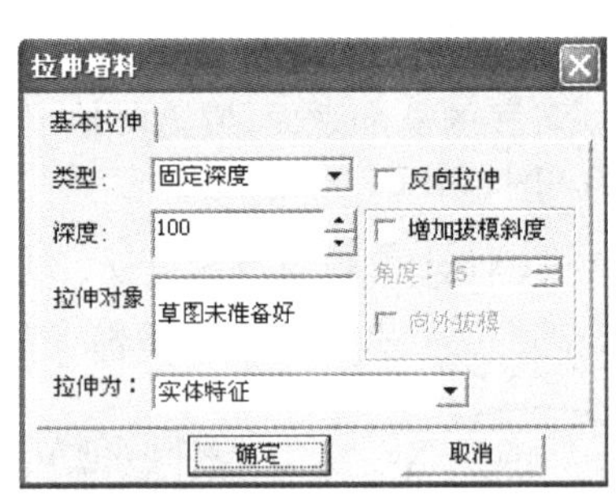

图 7-44　拉伸增料对话框

(3)生成的三维实体如图 7-45 所示。

(4)单击 F9 键，选择平面 ZY 为当前基准平面。选择直线图标。绘制直线，如图 7-46 所示。

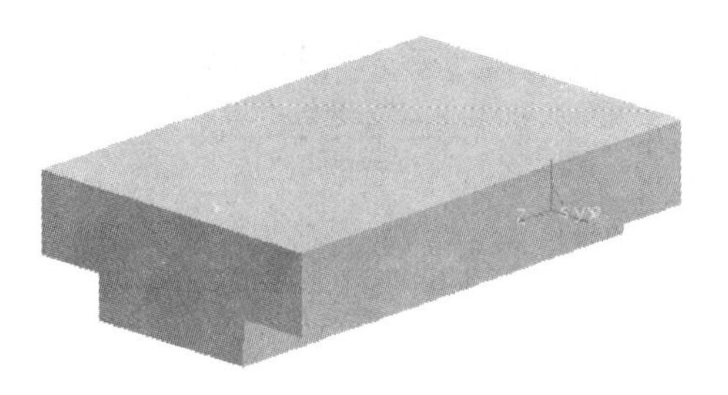

图 7-45　生成的三维实体

图 7-46　绘制的直线

(5)单击 F9 键，选择平面 XY 为当前基准平面。选择直线图标。绘制直线，如图 7-47 所示。

(6)选择右前侧面，选择绘制草绘图标。再选择圆图标。在直线的端点处，绘制直径 ϕ38 的半圆(需绘制出直径)，如图 7-48 所示。

图 7-47　绘制的直线

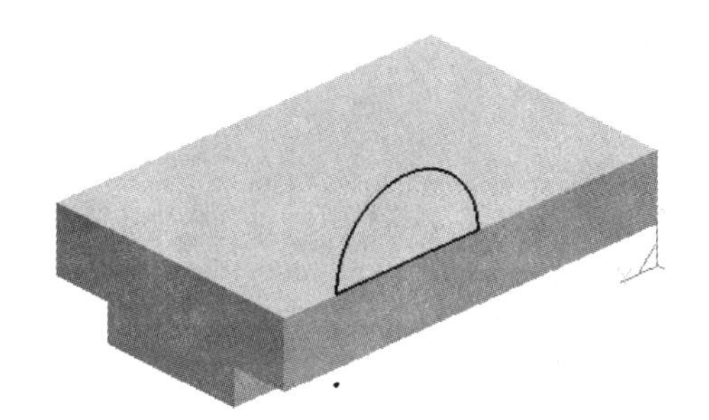

图 7-48　绘制的半圆

(7)单击草绘图标，退出草图设计。再选择导动增料图标，在弹出的对话框中设置参数(先选择轨迹线，再选择草图轮廓线)，如图 7-49 所示。单击确定按钮，生成的三维实体如图 7-50 所示。

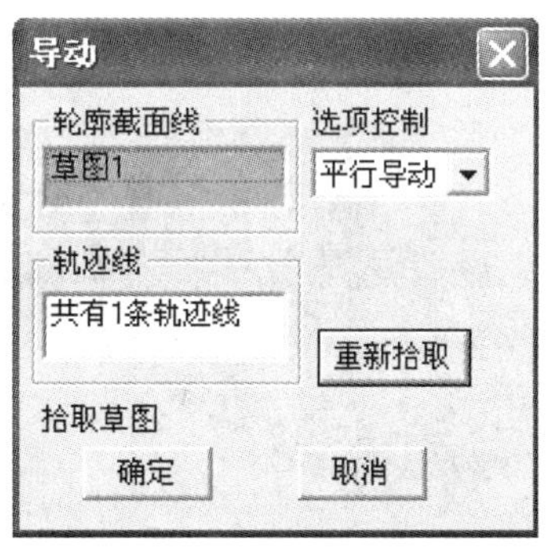

图 7-49　导动对话框

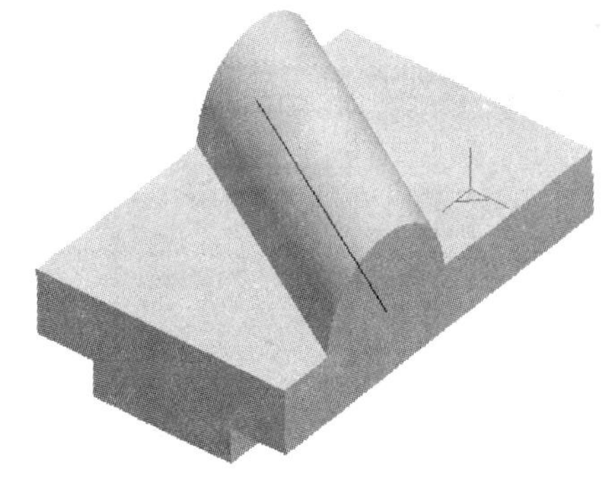

图 7-50　生成的三维实体

(8)再选择右前侧面，选择绘制草绘图标。再选择圆图标。在直线的端点处，绘制直径 ϕ16 的圆，如图 7-51 所示。

(9)单击草绘图标，退出草图设计。再选择导动除料图标，在弹出的对话框中设置参数，如图 7-52 所示，单击确定按钮。

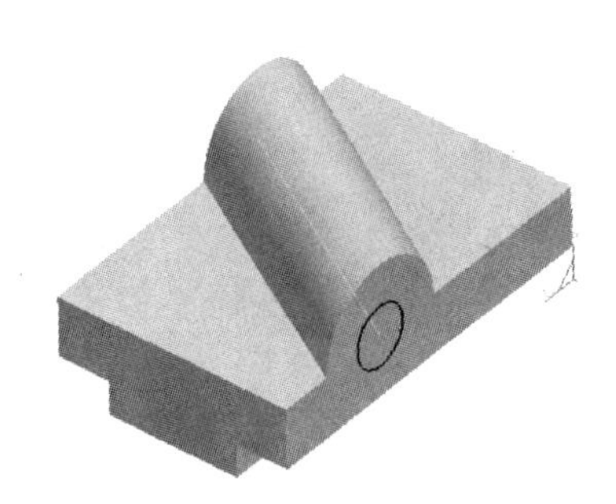

图 7-51　绘制的圆

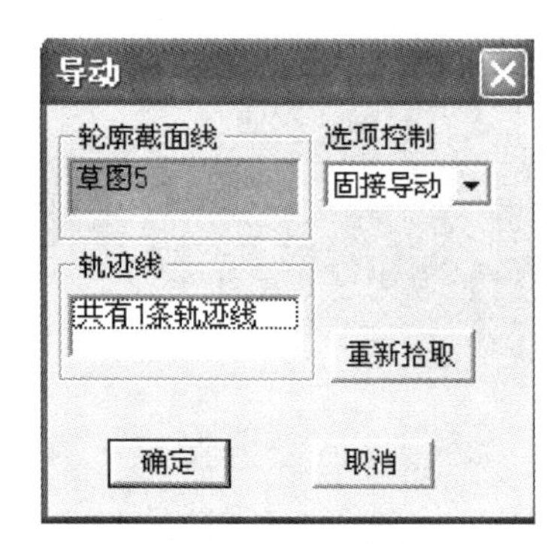

图 7-52　导动对话框

(10)生成的三维实体如图 7-53 所示。

(11)选择直线图标。绘制直线,如图 7-54 所示。

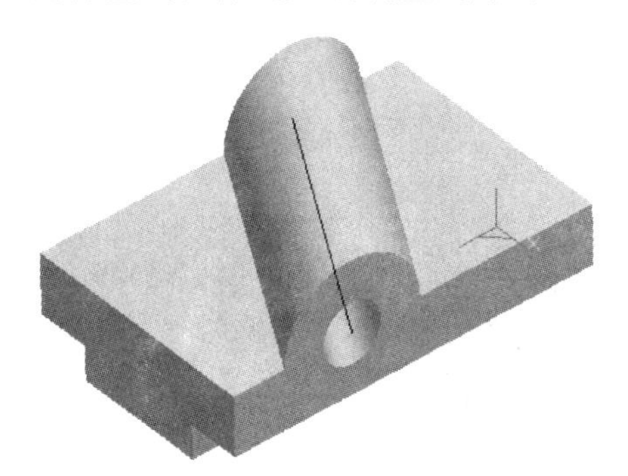

图 7-53　生成的三维实体

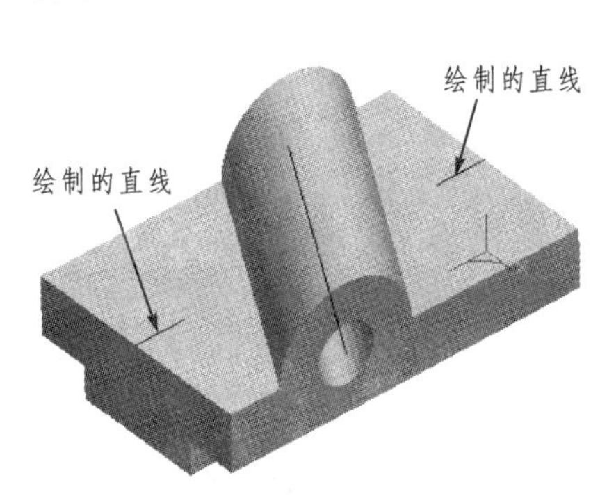

图 7-54　绘制的直线

(12)选择打孔图标,选择打孔平面,再确定孔型,最后确定打孔点。

(13)选择通孔,如图 7-55 所示。点击完成按钮。再选择删除图标,删除辅助线后,生成的三维实体如图 7-56 所示。

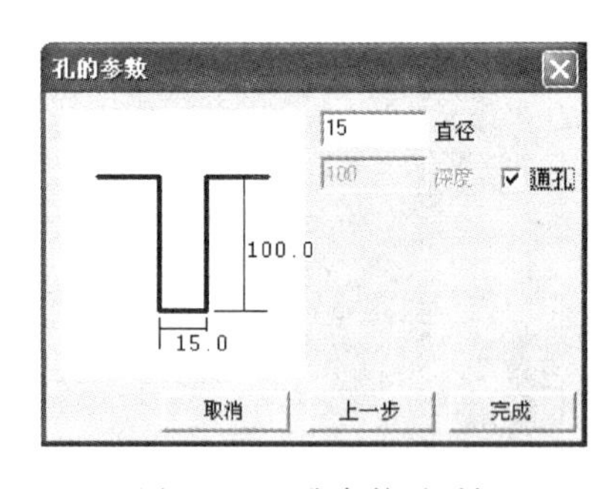

图 7-55　孔参数对话框

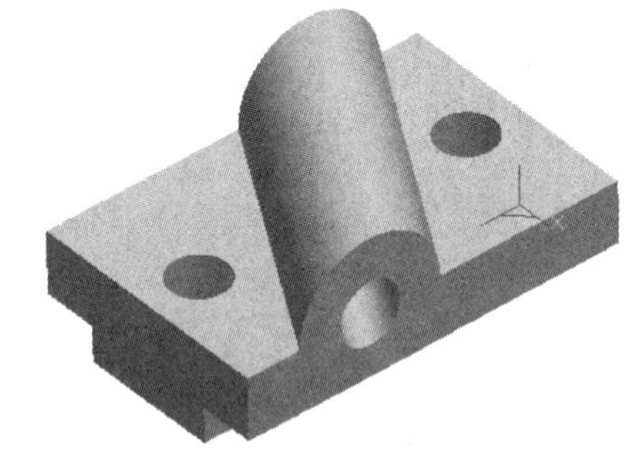

图 7-56　生成的三维实体

实训任务 3:实体特征编辑

过渡与倒角、筋板与抽壳、拔模、打孔、阵列。

使用实训任务 2 中的三维实体进行讲解和练习。

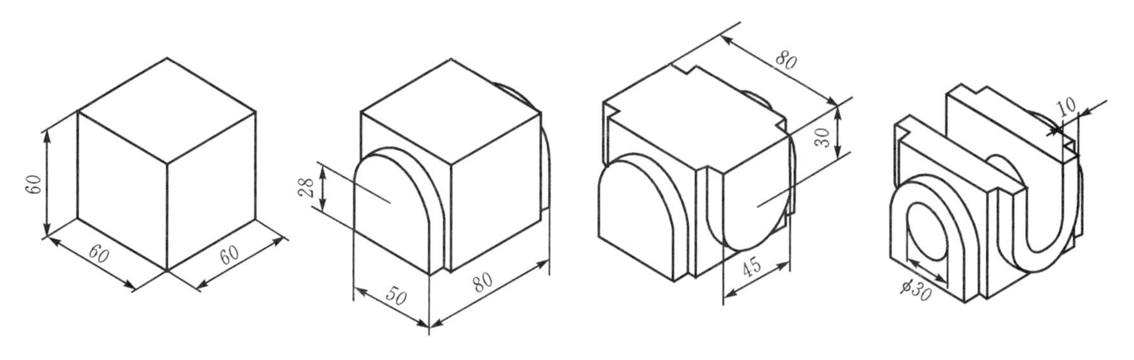

图 7-57 拉伸命令练习

实训任务 4:强化练习

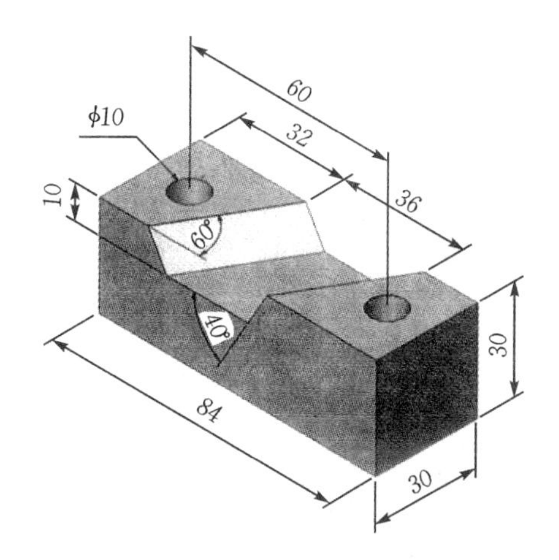

图 7-58 导动命令练习

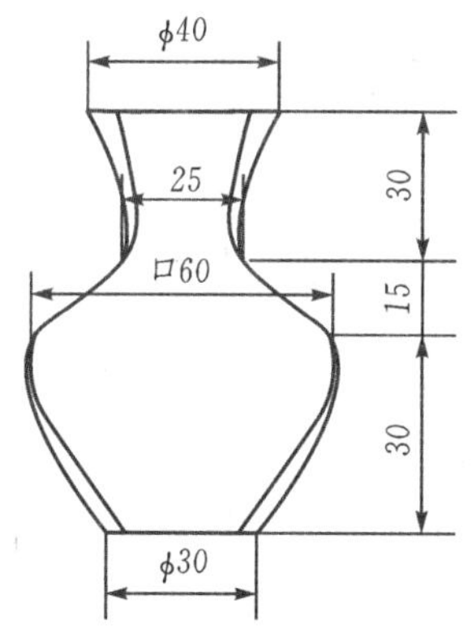

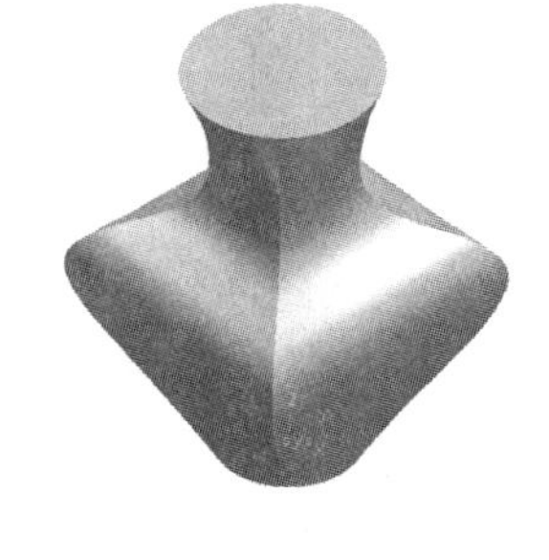

图 7-59 放样命令练习

七、注意事项

(1)绘制轴测图时,表达方法应选择合理。

(2)绘制轴测图时,圆的表达方法一般是椭圆。

(3)三维实体绘制时,应理解平面线与空间线的区别。

(4)三维实体绘制时,草图平面的曲线应绘制封闭,切不可缺线和重复。

八、实训思考

(1)轴测图中的圆如何绘制?

(2)轴测图与三维实体图有什么区别?

实训思考题七

指导老师____________ 班　级______________ 学生姓名____________ 学　号____________

1.轴测图中的圆如何绘制?

2.轴测图与三维实体图有什么区别?

3.今天你学到了什么?有何建议和想法?

实训八　系统工具与图形输出实训

指导老师＿＿＿＿＿＿　班　级＿＿＿＿＿＿　学生姓名＿＿＿＿＿＿　学　号＿＿＿＿＿＿

一、实训目的

(1)熟悉 CAXA 电子图板软件的系统工具。

(2)掌握图纸的输出打印、折叠和装订，数据光盘的刻录。

二、预习要求

预习"计算机应用基础"课程和"机械制图"课程中的有关内容。

《计算机应用基础》：

(1)打印机的安装与设置

(2)网络下载程序

(3)刻录软件的安装与使用

(4)共享文件夹的设置

《机械制图项目教程》：

(1)图纸大小的选择

(2)图纸的折叠与装订

三、实训仪器

(1)CAXA 电子图板 2011—机械版。

(2)微型电子计算机 每人 1 台。

(3)打印机　1 台(根据图纸大小进行选择)。

(a)A4 打印机

(b)A3 打印机

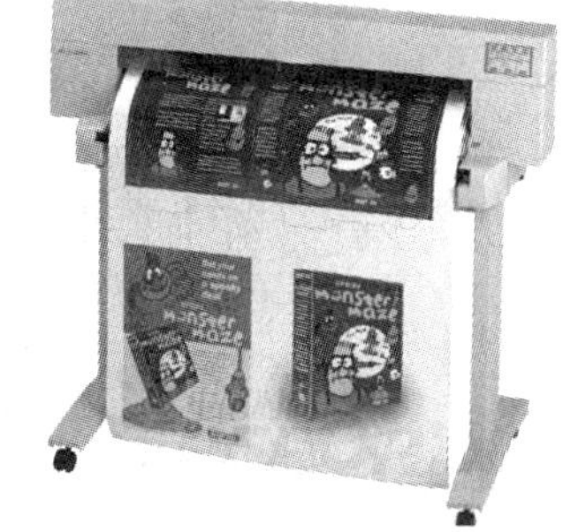

(c)绘图仪

图 8-1　惠普 HP 打印机

四、实验原理

1. 图纸大小的选择

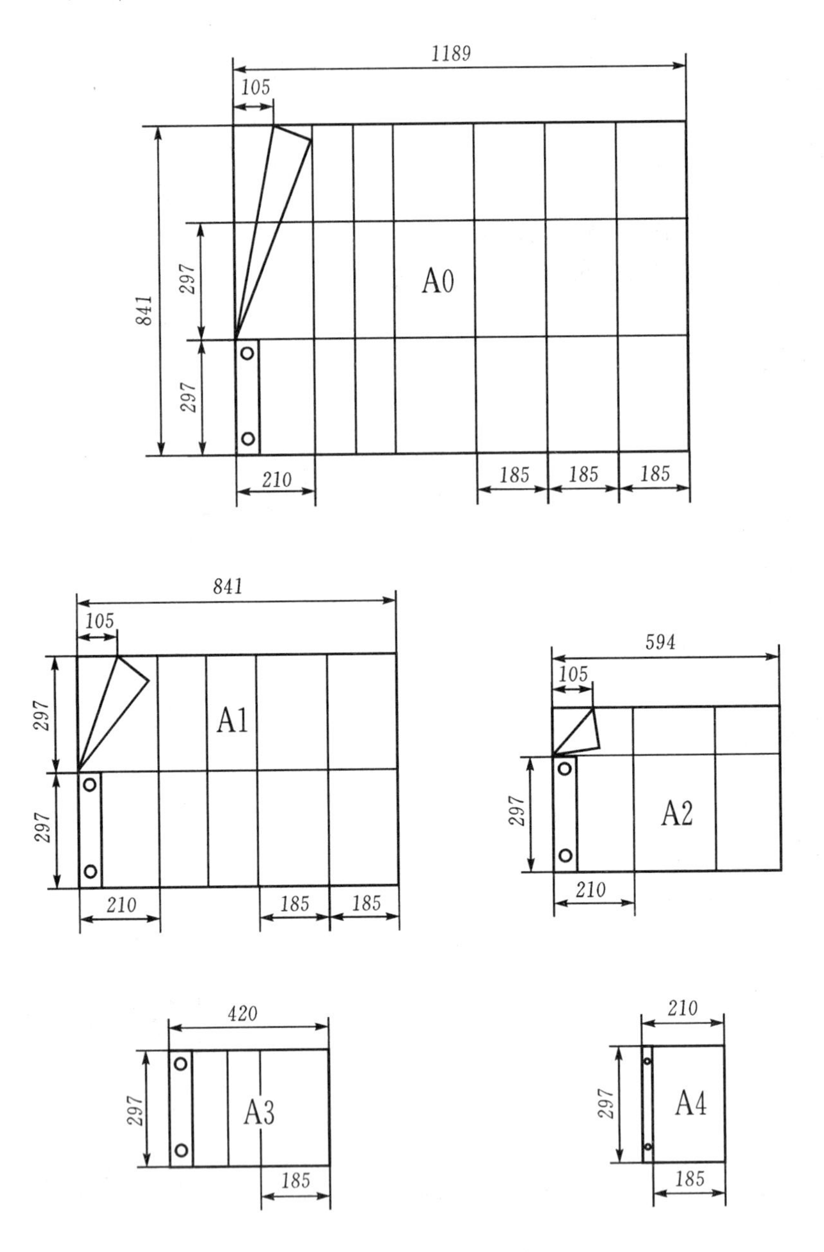

图 8－2　图纸大小的选择

2. 图纸的折叠

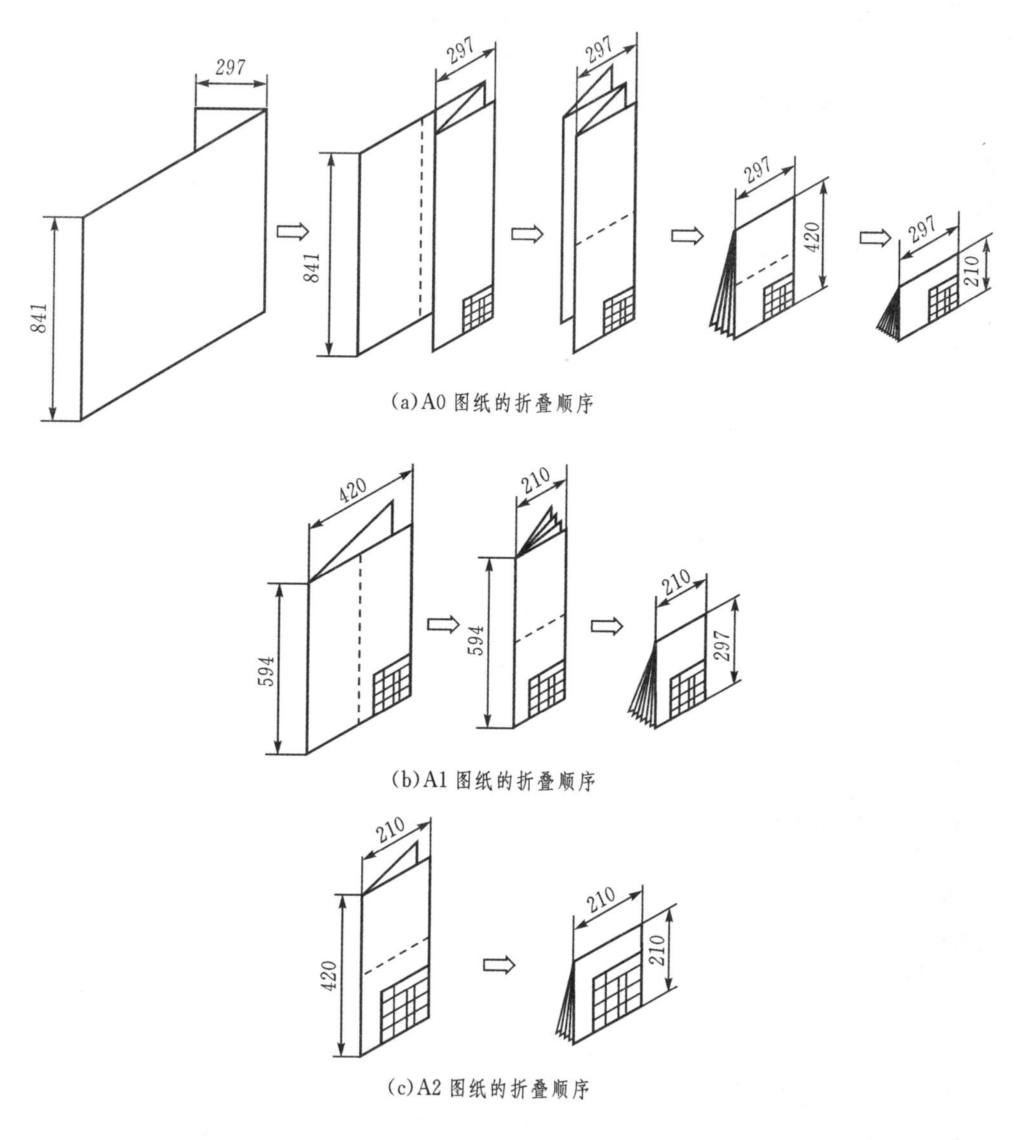

(a)A0 图纸的折叠顺序

(b)A1 图纸的折叠顺序

(c)A2 图纸的折叠顺序

图 8 - 3　图纸的折叠方法

五、实训内容

(1)系统工具的基本使用。

(2)安装打印机程序并设置为共享。

(3)图纸的折叠与装订。

(4)数据光盘的刻录。

六、实验步骤

实训任务 1:系统工具的基本使用

步骤如下:

(1)按照下图尺寸绘制平面图形。

(2)按照"计算机绘图"课程所用教材 210 页"查询工具的步骤"进行练习。

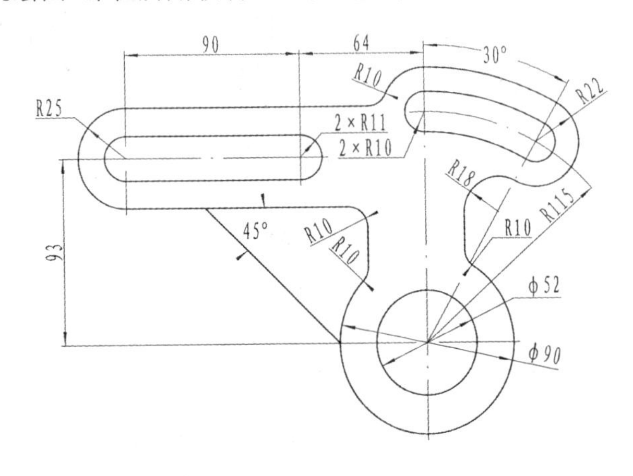

图 8-4 二维平面图

实训任务 2:安装打印机程序并设置为共享

步骤如下:

(1)安装打印机程序(教师演示)。

(2)设置打印机共享(教师演示)。

(3)添加共享打印机。

①开始→设置→打印机和传真。

②系统弹出"打印机和传真"对话框。

③在对话框左侧选择"添加打印机"。

④系统弹出"添加打印机向导"对话框→下一步。

⑤选择"网络打印机或连接到其他计算机的打印机"选项→下一步。

⑥选择"浏览打印机"选项→下一步。

⑦在"共享打印机"选项中选择计算机所在的组和打印机的名称→下一步。

⑧弹出对话框→选择"确定"。

实训任务 3:图纸的折叠与装订(现场操作)

实训任务 4:数据光盘的刻录(教师演示)

七、注意事项

添加共享打印机前，应查看自己所使用的计算机是否在一个组里。若不在，应修改成同一个组。这时，添加共享打印机才可以进行。

八、实训思考

(1)常用的系统查询命令有哪些？

(2)面积查询包括哪两个命令？各有什么特点？

实训思考题八

指导老师____________ 班　级______________ 学生姓名____________ 学　号____________

1. 常用的系统查询命令有哪些？

2. 面积查询包括哪两个命令？各有什么特点？

3. 今天你学到了什么？有何建议和想法？

实训报告要求

1. 写出安装 CAXA 电子图板软件的基本步骤。

2. 填写 CAXA 电子图板的用户界面各部分的名称。

3. 绘制不少于 10 个零件的装配图一幅。

4. 绘制不少于两张零件图(零件图从装配图中拆画,每张零件图所标注的尺寸不少于 10 个并有尺寸和形位公差标注)。

5. 打印出所绘制的零件图、装配图并对所打印出的图纸进行折叠并装订。

6. 绘制两个三维图(轴测图或三维实体图)。

实训报告

班　级＿＿＿＿＿＿ 学生姓名＿＿＿＿＿＿ 学　号＿＿＿＿＿＿

实训地点	
实训操作步骤	零件图(或电路图)的绘制步骤: (提示:仿照课本中的实例进行书写。若本页写不下,可自行续页。)

所选实例的来源	所选的零件图(或电路图)出处： 所选的装配图出处：
完成任务过程中所遇到的问题及解决方法	

<table>
<tr><td>实
训
总
结</td><td colspan="4"></td></tr>
<tr><td>学
生
承
诺</td><td colspan="4">我保证：以上报告内容和图纸的绘制是自己完成，没有从网络中下载或复制他人成果。若有证据表明我完成的报告和绘制的图纸违反以上承诺，愿承担一切责任。
学生签名：
完成日期：</td></tr>
<tr><td rowspan="2">教
师
评
语
与
成
绩
评
定</td><td colspan="4"></td></tr>
<tr><td>总评
成绩</td><td></td><td>指导教师签名</td><td></td></tr>
</table>

另附：装配图________幅。零件图________幅。

参考文献

[1] 吴勤保. CAXA 电子图板 2011 项目化教学实用教程. 西安:西安电子科技大学出版社, 2011.

[2] 王津. 计算机应用基础. 北京:高等教育出版社,2012.

[3] 高红英,赵明威. 机械制图项目教程. 北京:高等教育出版社,2012.

[4] 苑国强. 制图员考试鉴定辅导. 北京:航空工业出版社,2003.

[5] 刘颖. CAXA 制造工程师 2008 实例教程. 北京:清华大学出版社,2009.